Vorwort.

Die allgemeine Anerkennung, welche der bei Gelegenheit der Wiener Weltausstellung v. J. 1873 von den deutschen Telegraphen-Verwaltungen veranstalteten geschichtlichen Ausstellung von Apparaten und anderen Gegenständen aus dem Gebiete des Telegraphenwesens gezollt wurde, veranlasste mich zu einer ausführlicheren Besprechung jener so sehr interessanten geschichtl. Abtheilung der deutschen Ausstellung im Journal Télégraphique, publié par le Bureau International des Administrations Télégraphiques (Bd. II No. 24—26). Die wohlwollende Aufnahme, welche diese Besprechung sowohl wie ein ihr vorausgegangener, denselben Gegenstand behandelnder kürzerer Artikel gefunden hat, welcher in der Internationalen Ausstellungszeitung erschienen war und nicht nur vom Telegraphic Journal and Electrical Review wiedergegeben, sondern auch von der General-Direction der deutschen Reichs-Telegraphen durch seinen Wiederabdruck in den Beilagen zum Amtsblatte der deutschen Reichs-Telegraphenverwaltung ausgezeichnet wurde, führt mich zu der Annahme, dass eine durch Beigabe von Abbildungen auch für weniger in der Geschichte der Telegraphie bewanderte Kreise geniessbarer gemachte Ueberarbeitung jenes Aufsatzes im Journal Télégraphique nicht überflüssig sein dürfte, dass sie vielleicht sogar bei dem noch nicht beseitigten Mangel an einer Geschichte der Telegraphie ganz willkommen geheissen werden würde, sofern sie sich zugleich die Aufgabe stellt, in etwas gründlicherer Weise noch die Lücken jener historischen Ausstellung, insofern sie den Antheil Deutschlands an der Entwickelung und Ausbildung der Telegraphie zur Anschauung bringen wollte, auszufüllen und zugleich, und zwar ebenfalls in grösserer Vollständigkeit, ergänzend der Verdienste anderer Völker zu gedenken.

Die der historischen Ausstellung gezollte Anerkennung entsprang sicher nicht zum kleinsten Theil dem klaren Gefühle von der Bedeutung, welche in jedem Zweige der Technik und in jeder Wissenschaft auf eine gründliche Bekanntschaft mit der Vergangenheit, mit dem Werden und Entstehen dessen, was bisher erreicht wurde, zu legen ist. Das Vertrautsein mit den Mitteln und Wegen, auf welchen die früheren Schwierigkeiten endlich erfolgreich überwunden wurden, schützt vor Abwegen und schärft den Blick für die Auffindung des rechten Wegs zu den zunächst gesteckten weiteren Zielen. Die räumliche Nebeneinanderstellung der früheren Entwickelungsstufen erleichtert und fördert aber durch die Ermöglichung der eigenen Anschauung und unmittelbaren Vergleichung das Studium um so mehr, je vollständiger und reichhaltiger die Zusammenstellung ist. Bleibt es daher auch gewiss sehr zu bedauern, dass der Gedanke einer internationalen historischen Telegraphenausstellung, wie er ursprünglich von Herrn Dr. Werner Siemens angeregt worden ist, nicht hat zur Durchführung gebracht werden können, so hat doch wohl andererseits selbst diese auf ein engeres Gebiet beschränkte historische Ausstellung die allgemeine culturhistorische Bedeutung und die speciell fachwissenschaftliche Nützlichkeit einer solchen Sammlung überzeugend dargethan. Um so erfreulicher ist es, dass dem berechtigten Wunsche auf möglichst vollständige Erhaltung und allmälige Erweiterung und Ergänzung dieser Sammlung die Erfüllung nicht versagt bleiben wird, dass vielmehr die hohen Verwaltungsbehörden, gelehrten Gesellschaften und Privatpersonen, welche durch ihr bereitwilliges Entgegenkommen schon das erste Zustandekommen jener Ausstellung ermöglichten, sich durch ihr Mitwirken zur Erhaltung derselben einen noch höheren Anspruch auf den Dank der Mit- und Nachwelt erworben haben.

Kann aber dann diese von mir gegebene Besprechung jener Sammlung das Studium derselben erleichtern und fruchtbarer machen, so ist weder die von mir auf die Ueberarbeitung verwendete Zeit und Mühe, noch der von Seiten des Herrn Verlegers aufs Bereitwilligste übernommene Aufwand für die geschmackvolle Ausstattung vergeblich gewesen.

Chemnitz, im Juni 1874. E. Z.

Kurzer Abriss

der

Geschichte der elektrischen Telegraphie.

Unter besonderer Bezugnahme

auf die bei Gelegenheit der Wiener Weltausstellung 1873 veranstaltete

historische Telegraphen-Ausstellung des Deutschen Reiches

entworfen von

Dr. Karl Eduard Zetzsche,

Professor an der Königl. Höheren Gewerbeschule zu Chemnitz.

Mit 51 in den Text gedruckten Holzschnitten.

1874

Springer-Verlag Berlin Heidelberg GmbH

ISBN 978-3-642-98125-8 ISBN 978-3-642-98936-0 (eBook)
DOI 10.1007/978-3-642-98936-0
Softcover reprint of the hardcover 1st edition 1874

Inhaltsverzeichniss.

Die Versuche, die **Reibungselektricität** zum Telegraphiren zu verwerthen, reichen bekanntlich bis ins Jahr 1753 zurück. Der erste Vorschlag dazu findet sich in einem mit C. M. (angeblich den Anfangsbuchstaben vom Namen des Schotten Charles Marshall) unterzeichneten Briefe und war auf die Benutzung des elektrischen Funkens oder der Anziehung leichter Körperchen durch elektrische Körper gerichtet. An den genannten Versuchen betheiligten sich von den Deutschen 1794 Reusser und Böckmann. Ersterer schlug vor, in Blitztafeln die Buchstaben auszusparen und durch Beleuchtung mittels des Funkens einer Leydener Batterie zu erleuchten; Letzterer wollte die Buchstaben und Ziffern durch passend gruppirte Funken bezeichnen. Beider Telegraphen waren in Wien nicht ausgestellt, sie waren aber auch ebensowenig wie andere (von Lesage 1774, Lomond 1787, Cavallo 1795, Salva 1796, Bétancourt 1798) lebensfähig. Hätte ein Vorschlag zur Benutzung der Reibungselektricität Aussicht auf Erfolg gehabt, so wäre es der des im Jahre 1873 verstorbenen Sir Francis Ronalds gewesen, dessen 1816 erfundener Apparat als der erste Zeigertelegraph gelten kann, insofern er durch ein elektrisches Signal den Augenblick markirte, in welchem der zu telegraphirende Buchstabe auf zwei sich ganz gleichmässig bewegenden Scheiben durch ein kleines Fensterchen in einem vor jeder Scheibe aufgestellten Schirme sichtbar geworden war.

Die seit dem Ende des 18. Jahrhunderts bekannt gewordene **galvanische** oder **Berührungs-Elektricität** wurde zum Telegraphiren zuerst, und zwar zu Anfang Juli des Jahres 1809, von Samuel Thomas von Sömmerring benutzt, welcher 1755 in Thorn geboren war, seit 1805 aber als Geheimrath und Mitglied der Akademie der Wissenschaften in München lebte. Der in Fig. 1 abgebildete Sömmerring'sche Apparat, der älteste der ausgestellten, bezweckte ein Telegraphiren mittels einer **chemischen** Wirkung des Stromes, nämlich mittels der 1800 von Carlisle zuerst beobachteten Zersetzung des Wassers durch den galvanischen Strom. Sömmerring isolirte 27 Messingdrähte anfänglich durch einen Schellack-Firnissüberzug, später durch Ueberspinnen mit Seide, verband sie durch einen darum gewickelten Faden zu einem bis 1000 Fuss langen Seil und überwickelte dasselbe mit erwärmtem Schellack oder mit einem in flüssigen Schellack getauchten Bande. Die mit den 25 einzelnen Buchstaben des Alpbabets, dem Punkt und dem Wiederholungszeichen bezeichneten Drähte führte Sömmerring an dem einen Seilende an 27 Goldstifte in dem aus Kork bestehenden Boden eines mit Wasser gefüllten, im Lichten 170$^{mm.}$ langen, 25$^{mm.}$ breiten und 65$^{mm.}$ hohen Glaskastens, an dem andern Seilende dagegen an die 27 Zapfen in einem Gestell. Die in Fig. 1 rechts neben dem zuletzt erwähnten Gestelle befindliche galvanische Säule war aus 15 Brabanter Thalern und Zinkplatten mit zwischenliegenden, mit gesättigter Kochsalzlösung be-

Fig. 1.

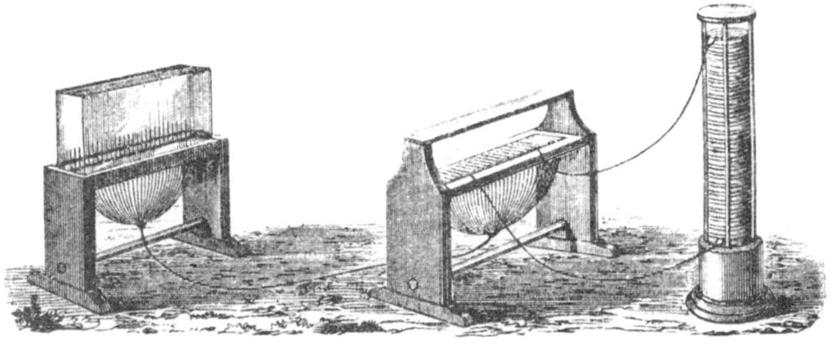

feuchteten Filzscheiben gebildet, ihre Poldrähte aber an verschieden gestaltete Stöpsel geführt, welche in die Löcher jener Zapfen eingesteckt werden konnten. Wurden nun die Stöpsel gleichzeitig in die Löcher von zwei Zapfen eingesteckt, so entwickelten sich an dem einen der mit diesen Zapfen verbundenen Goldstifte im Glaskasten Sauerstoff, am andern Wasserstoff und zwar von letzterem merklich doppelt so viel, als von ersterem. Auf diese Weise telegraphirte Sömmerring anfänglich stets zwei Buchstaben zugleich, den ersten durch die Wasserstoff-, den zweiten durch die Sauerstoffentwickelung. Später telegraphirte Sömmerring blos je einen Buchstaben und zwar durch die Wasserstoffentwickelung, wobei er die Entwickelung des Sauerstoffs an eine bestimmte Stelle verwies. Der ausgestellte, der Familie Sömmerring gehörige Apparat war mit dem bekannten, 1811 erfundenen Hebel-Wecker versehen, welcher an die Stelle des in demselben Jahre erfundenen Schaufelrad-Weckers trat. Sömmerring versuchte übrigens auch bereits im August

1809 das Leitungsseil mit einer ätherischen Kautschuklösung zu überziehen, um es unter Wasser gebrauchen zu können.

Obwohl nicht zu leugnen ist, dass man auf diese von Sömmerring angegebene Weise wirklich hätte telegraphiren können, obwohl man etwaigen Gefahren durch das dabei entwickelte Knallgas gewiss auch zu entgehen gelernt haben würde, obwohl endlich auch die Zahl der Drähte sich (wie es ja Schweigger später vorschlug) hätte bedeutend vermindern lassen, so kam doch der Sömmerring'sche Telegraph ebensowenig zur praktischen Anwendung, wie der 1810 von Professor John Redman Coxe in Philadelphia gemachte Vorschlag, die zersetzende Wirkung des galvanischen Stroms auf verschiedene Metallsalze zum Telegraphiren zu benutzen. Bevor nämlich das Verlangen nach dem Besitz eines Telegraphen dringend genug wurde, hatte man bereits bessere Mittel zu seiner Befriedigung aufgefunden.

Selbst als durch Professor Hans Christian Örstedt in Copenhagen gegen das Ende des Jahres 1819 die **Ablenkung der Magnetnadel** durch den elektrischen Strom beobachtet worden war, vermochte weder der Vorschlag von Ampère in Paris (1820; 30 Nadeln und 60 Drähte), noch der ähnliche von Fechner in Leipzig (1829; 24 Nadeln und 48 Drähte) die Telegraphie in neue Bahnen zu leiten. Erst 1832 trat der von deutscher Familie abstammende Russische Staatsrath, Baron Pawel Lawowitsch Schilling von Canstadt, welcher bei dem ihm nahe befreundeten Sömmerring schon 1811 dessen Telegraph gesehen und denselben darauf auch in Russland bekannt gemacht hatte, mit einem blos 5 Nadeln und später gar nur 1 Nadel enthaltenden Telegraphen auf, und von diesem letztern, welcher von der Akademie der Wissenschaften in Petersburg aufbewahrt wird, war eine beglaubigte Zeichnung in der deutschen historischen Abtheilung ausgestellt. Die Nadelbewegungen wurden durch Scheibchen aus Kartenpapier, welche an dem die Nadel tragenden Seidenfaden befestigt waren, dem Auge besser wahrnehmbar gemacht. Zwar ward auch dieser Telegraph nicht im Grossen angewendet, da Schilling 1837 starb; doch hatte Schilling 1835 seinen Telegraph in Bonn und Frankfurt am Main vorgezeigt, wo ihn u. A. auch Prof. Muncke sah, ihn (aller Wahrscheinlichkeit) nachbilden liess und mit nach Heidelberg nahm; hier aber lernte ihn am 6. März 1836 Cooke kennen und liess sich durch ihn bestimmen, sich ganz der Telegraphie zu weihen.

Der erste Telegraph in grösserem Massstabe wurde mit einer 3000 Fuss langen Leitung 1833 in Göttingen von den Professoren Karl Friedrich Gauss und Wilhelm Weber ausgeführt und blieb bis 1838 in Gebrauch. Die über einen Thurm der Stadt geführte Leitung selbst aber wurde im

Sommer d. J. 1844 durch einen Blitzschlag grösstentheils zerstört. Dieser Telegraph, jetzt Eigenthum des Göttinger physikalischen Laboratoriums, war ausgestellt und zwar nicht in seiner ältesten Einrichtung zum Be-

Fig. 2.

trieb mit galvanischen Strömen, sondern in der Form, welche er 1835 zum Telegraphiren mittels Magneto-Inductionsströmen erhalten hatte. Die Nadel in seinem Zeichenempfänger ist ein riesiger Magnetstab von 1,21 Meter Länge, 0,075 Meter Breite und 0,015 Meter Dicke; die ihn

Fig. 3.

umgebende Multiplicatorrolle war noch von einer als Dämpfer wirkenden, aus wenigen Windungen starken Kupferdrahtes gebildeten Spule umschlossen; seine Schwingungen machte ein kleines Spiegelchen *a* mit, dessen Bewegungen durch ein Fernrohr *F* mittels der Skala *S S* zu beobachten sind, wie es Fig. 2 veranschaulicht. Der Zeichengeber enthielt eine Inductionsrolle, welche (in ähnlicher Weise, wie es Fig. 3 zeigt) über einen starken Magnetstab gesteckt war und mittels des einen oder des andern von zwei Hebeln über diesen Stab bewegt werden konnte; das Verbindungsstück der beiden Hebel aber war um eine horizontale Axe drehbar und bildete einen Quecksilber-Commutator, welcher den Strom bald in der einen, bald in der andern Richtung durch die Multiplicatorrolle sendete und dadurch den in derselben hängenden Magnetstab nach links oder rechts ablenkte. Zum Telegraphiren der (20) Buchstaben und 9 Ziffern waren höchstens 4 Ströme erforderlich.

Fig. 4.

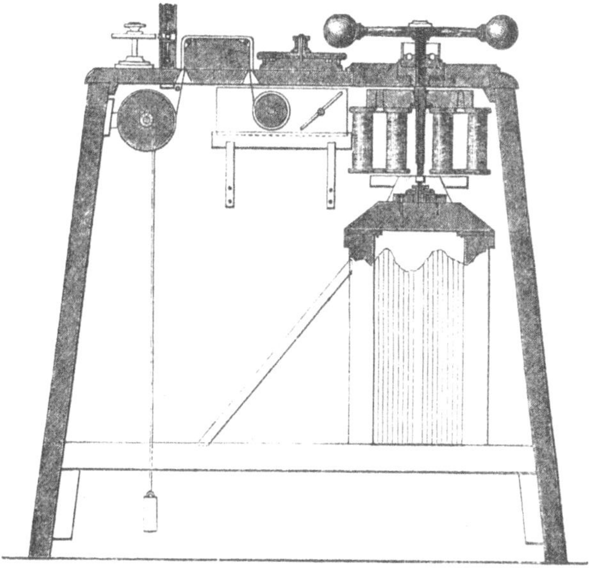

Durch Gauss wurde Professor Karl August Steinheil in München zur Beschäftigung mit der Telegraphie angeregt. Während v. Jacquin und Andreas v. Ettingshausen 1836 durch einige Strassen Wiens eine Telegraphenleitung, theils durch die Luft, theils unter der Erde, ausgeführt hatten, erbaute Steinheil die $^3/_4$ Meilen lange (nur aus zwei Drähten bestehende) Leitung zwischen München und der Sternwarte Bogenhausen und telegraphirte schon Anfangs Juli 1837 auf derselben mit seinem in Wien ebenfalls ausgestellten Apparate, welcher als ein in einen Schreibtelegraphen umgewandelter Nadeltelegraph zu bezeichnen ist. Es enthält dieser, 1836 erfundene, in Fig. 4 und 5 im Längsschnitte und im Grundrisse abgebildete Telegraph einen um eine verticale Axe drehbaren Magnet-Inductor mit Quecksilber-Commutator als Zeichengeber, als Zeichenempfänger aber in der vom Inductionsstrome durchlaufenen, in Fig. 6 und 7 im Längs- und Querschnitte ge-

Fig. 5.

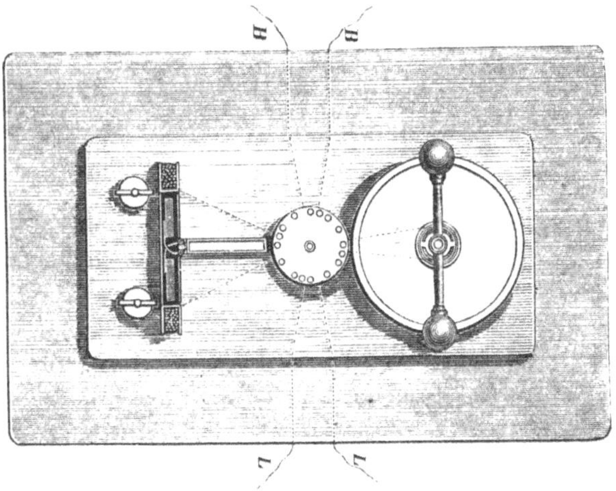

zeichneten Multiplicatorspule MM zwei kleine Stahlmagnete NS, deren jeder sich um eine verticale Axe drehen kann, an dem einen Ende mit einem kleinen Farbgefässe, an dem anderen mit einem (in Fig. 7 nicht mit angegebenen) Messingansatze versehen ist und durch einen davorgestellten Richtmagnet N oder S (Fig. 7) so gestellt wird, dass ein Strom von der einen Richtung den ersten, ein Strom von der entgegengesetzten Richtung den zweiten entweder mit dem Farbgefässe gegen einen an den Magneten vorübergeführten Papierstreifen oder mit dem Messingansatze an die erste oder zweite von zwei (in Fig. 7 ebenfalls nicht angegebenen) neben den Richtmagneten N und S und in passender Entfernung von den beiden Stahlmagneten $N\ S$ aufgestellten, verschieden gestimmten Glocken anschlagen lässt. An der Drehung im entgegengesetzten Sinne ist jeder Stahlmagnet $N\ S$ durch einen Anschlag verhindert. Die auf dem Papierstreifen durch Punkte in zwei verschiedenen Zeilen gebildete Steinheil'sche Schrift besitzt den grossen Vorzug, dass sie durch Ströme von gleicher Dauer, aber entgegengesetzter Richtung hervorgebracht wird.

Es darf ferner an dieser Stelle nicht unterlassen werden, daran zu erinnern, dass Steinheil schon 1838, als er auf der Nürnberg-Fürther Eisenbahn die Eisenbahnschienen zugleich als Theil der Telegraphenleitung zu benutzen versuchte, die Möglichkeit der Rückleitung

Fig. 6.

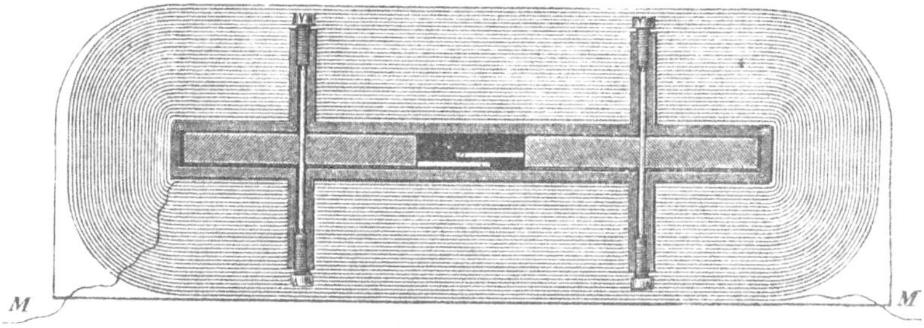

des elektrischen Stroms in der Erde entdeckte.*) Diese Entdeckung war nämlich um deswillen von der höchsten Wichtigkeit, weil durch dieselbe von den 2 Drähten, welche Gauss und Weber für ihren Telegraph noch gebraucht hatten, der eine noch entbehrlich wurde, der

Fig. 7.

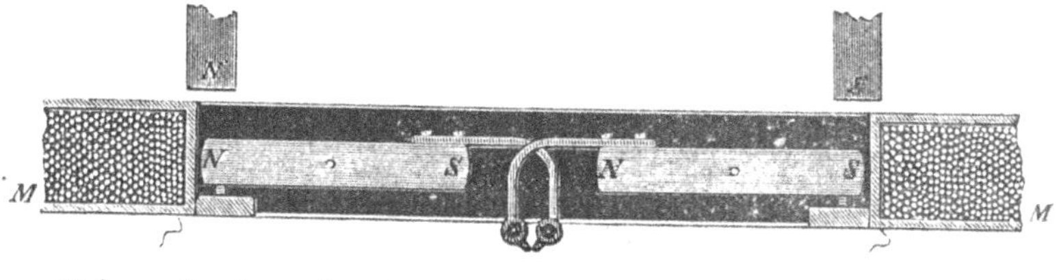

Telegraph also mit einem einzigen Leitungsdrahte betrieben werden konnte. Trotzdem wurde noch 1840 in England eine Linie mit fünf Drähten für einen Fünfnadeltelegraphen gebaut.

Und was war inzwischen ausserhalb Deutschlands in der Herstellung von **Nadeltelegraphen** geleistet worden? In Frankreich stellte nach dem bereits erwähnten Vorschlage von Ampère zuerst Masson 1837 bei

---

*) Schon 1746 hatte Winkler in Leipzig die Pleisse mit in eine elektrische Leitung eingeschaltet, ebenso überzeugte sich Watson bei seinen Versuchen (1746 bis 1748), dass sowohl das Wasser, als der Erdboden die Elektricität leiten. Das grosse Leitungsvermögen des feuchten Erdbodens erklärte Prof. Gustav Theodor Fechner in Leipzig zuerst aus dem grossen Querschnitt der Flüssigkeitsschicht.

Caen auf einer etwa $^1/_4$ Meilen langen Linie Versuche mittels Magnetnadeln und einer Inductionsmaschine an und setzte dieselben 1838 mit Bréguet fort. Dagegen hatte William Fothergill Cooke (zwischen dem 9. und 15. März 1836) in Frankfurt, noch vor seiner Rückkehr nach England, einen dem Schilling'schen ganz ähnlichen Nadeltelegraph mit 3 Nadeln und 6 Drähten entworfen. Zur Verminderung der Zahl der Drähte bemühte sich Cooke einen Zeigertelegraphen herzustellen. Anfänglich (März und April 1836) ahmte er dabei die Einrichtung der Spieldosen nach und konnte den Synchronismus in den beiden zusammen arbeitenden Apparaten nicht entbehren; auf jeder der beiden Stationen legte sich nämlich der Hebel eines Elektromagnetankers bei

Fig. 8.

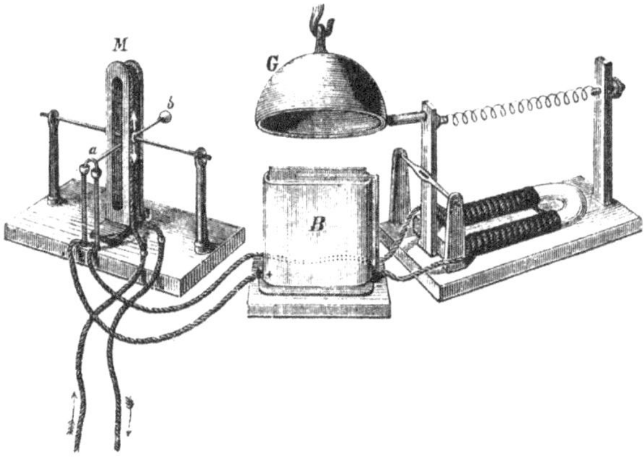

Unterbrechung des elektrischen Stroms hemmend in das Räderwerk ein; die Räderwerke beider Stationen aber versetzten während der Stromdauer zwei Walzen in gleichem Schritte in Umdrehung, wobei je eine Buchstabenscheibe die Buchstaben der Reihe nach durch ein Fenster des Rahmens des Apparates sehen liess. Im Juli 1836 aber trat Cooke mit einem Zeigertelegraph hervor, in welchem zwei Elektromagnete abwechselnd ein Pendel in seinem grössten Ausschlage nach links oder nach rechts festhielten, wobei das an dem Pendel sitzende Echappement sich abwechselnd in die Zähne eines Steigrades einlegte, so dass der auf die Steigradaxe aufgesteckte Zeiger sich schrittweise über der Buchstabenscheibe bewegen musste. Dieser Telegraph erschien aber der Direction der Liverpool-Manchester-Bahn zur Benutzung für die Eisenbahnzwecke nicht einfach genug, und auch einem verbesserten Spieldosen-Apparat (10. Februar 1837) wurde ein pneumatischer Telegraph vorgezogen. Dies führte Cooke Anfang Mai 1837 zur Vereinigung mit Professor Charles Wheatstone, den er am 27. Februar dieses Jahres kennen gelernt hatte und mit welchem er gemeinschaftlich schon im

Fig. 9.

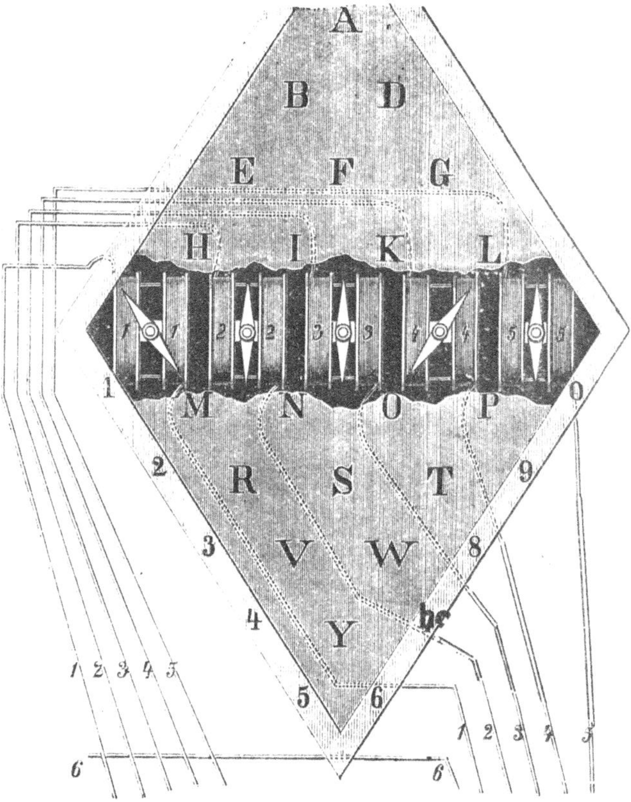

April 1837 zur Anwendung eines Lokalstroms für den zum Nadeltelegraph gehörigen Wecker gelangt war. Sobald nämlich der Linienstrom die Elektrometernadel umkreiste, legte sich ein auf der Nadelaxe sitzender, mit dem einen Pole der Lokalbatterie verbundener metallener Hebel an einem mit dem andern Batteriepole verbundenen metallenen Ständer an und schloss dadurch den Lokalstrom durch einen Elektromagnet, welcher nun seinen Anker anzog, so dass der Ankerhebel die Sperrung eines Läutewerkes aushob. Bald darauf wurde der Strom der Lokalbatterie *B* in der aus Fig. 8 ersichtlichen Weise geschlossen, nämlich so, dass das Ende *a* des (auf der Axe der in der Multiplicatorspule *M* befindlichen Nadel sitzenden) Hebels *ab* sich in zwei Quecksilbernäpfchen einlegte; auch konnte der Ankerhebel des vom Lokalstrom durchlaufenen Elektromagnets unmittelbar an eine Glocke *G* schlagen. Am 12. Juni 1837 nahmen Cooke und Wheatstone (welche 1867 von dem Society of Arts Council durch Verleihung der Albertmedaille für

Fig. 10.

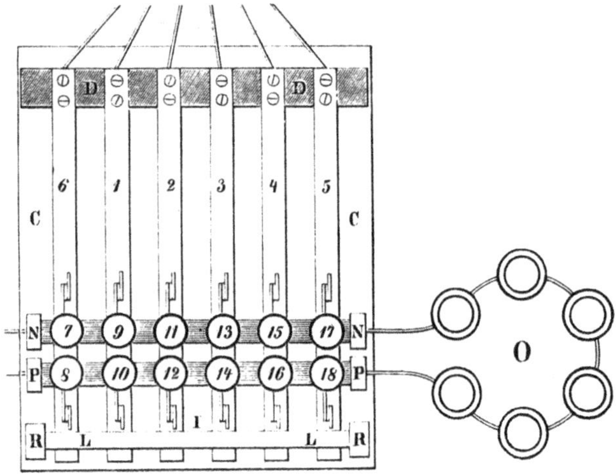

„hervorragende Verdienste um die Förderung der Künste, Handwerke oder Handel" ausgezeichnet wurden) ihr erstes Patent „for improvements in giving signals etc." Dasselbe erstreckte sich auf den bekannten, in Fig 9 abgebildeten Fünfnadeltelegraph (mit 5 oder selbst 6 Drähten); der für diesen Telegraph bestimmte, mit 5 (bez. 6) Tasten ausgerüstete Zeichengeber, dessen Grundriss Fig. 10 zeigt, ist einem schon gegen Ende 1836 von Wheatstone benutzten Stromsender nachgebildet. Der erste Probeversuch mit diesem Telegraph wurde im Londoner Bahnhof der Nordwestbahn am 25. Juli 1837 auf einem $1^1/_4$ Meilen langen Drahte angestellt, und im Jahr 1840 ward auf der Great Western Bahn ausgeführt jene 39 englische Meilen lange Linie, welche wegen ihrer Kostspieligkeit nicht weiter fortgeführt wurde. Noch weniger als dieser Fünfnadeltelegraph war der von Alexander im November 1837 in Edinburg im Modell vorgezeigte Telegraph mit 30 Nadeln und 31 Drähten zur Einführung geeignet. Festen Fuss dagegen fassten der einfache und der Doppelnadeltelegraph von Cooke und Wheatstone in England; von dem ersteren lässt Fig. 11 das Aeussere, Fig. 12 die innere Einrichtung sehen; die äussere Ansicht des letzteren giebt Fig. 13 wieder. Aber selbst in England sind jetzt sowohl diese, als auch andere Nadeltele-

Fig. 11.

graphen auf den Staatstelegraphenlinien ausser Gebrauch; dagegen benutzen die meisten englischen Eisenbahnen noch jetzt Nadeltelegraphen, und ebenso hat man in der unterseeischen Telegraphie zu dem erwähnten, schon 1833 von Gauss und Weber benutzten Reflex- oder Spiegel-Galvanometer zurückgegriffen. Die historische Ausstellung enthielt ausser den erwähnten ältern Nadeltelegraphen nur noch den 1849 erfundenen, 1851 in London ausgestellten elektromagnetischen Doppelnadeltelegraph von Siemens; die Nadeln dieses Apparates befinden sich aber nicht in Multiplicationsrollen, sondern sie liegen (in ähnlicher Weise wie bei dem 1848 patentirten, mit Magneto-Inductionsströmen arbeitenden Doppelnadeltelegraph von Henley und Forster und bei dem diesem ganz ähnlichen der Gebrüder Bright) vor den Polen eines Elektromagnetes.

Fig. 12.

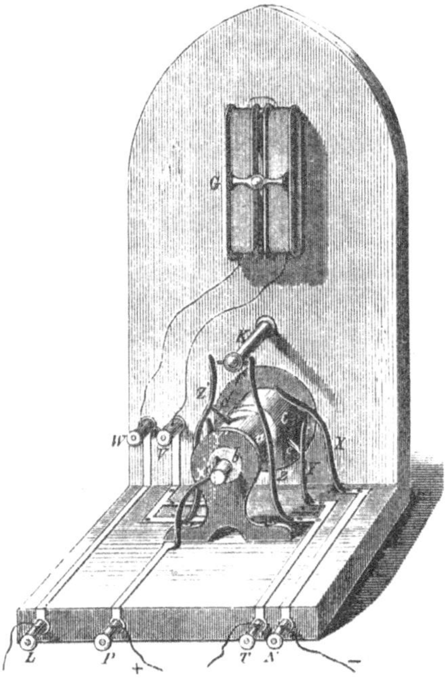

Während Cooke die bereits besprochenen, 1836 erfundenen **Zeigertelegraphen** im November 1839 weiter verbesserte, entwarf Wheatstone im Herbste 1839 (nach einem zuerst 1838 von E. Davy bei seinem später zu besprechenden elektrochemischen Telegraphen verwertheten Grundgedanken) einen Zeigertelegraph; dieser Telegraph wurde entweder mittels galvanischer Batterien in Betrieb gesetzt, und dann enthielt sein Zeichengeber ein horizontales, mit der Hand in Umdrehung zu versetzendes Schliessungsrad als Stromgeber; oder er wurde in der aus Fig. 14 ersichtlichen Weise mit einer Magneto-Inductionsmaschine versehen, um deren Inductionsströme zu benutzen; doch arbeitete er in dem letztern Falle mit gleichgerichteten Inductionsströmen, da die Ströme der einen Rich-

Fig. 13.

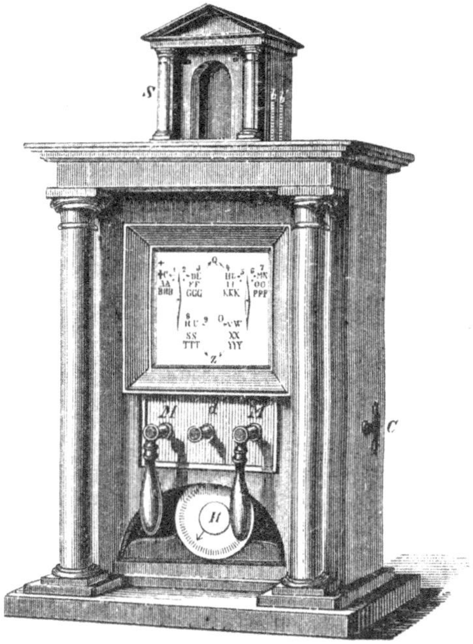

Fig. 14.

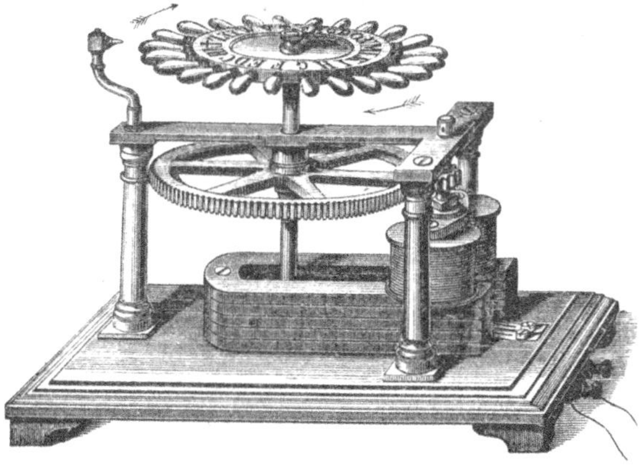

tung unterdrückt wurden. Dieser Telegraph hatte zwar nur einen Elektromagnet, erforderte aber immer noch zwei Drähte; sein gabelförmiges, auf dem Hebel des Elektromagnetankers sitzendes Echappement legte sich unter der abwechselnden Wirkung des Elektromagnetes und einer Abreiss-Feder in die beiderseits aus der Stirn des Steigrades vorstehenden Stifte ein und beherrschte so die schrittweise Bewegung der auf die Axe des Steigrades (welches durch ein Triebwerk im Gang erhalten wurde oder nicht) aufgesteckten Buchstaben-

Fig. 15.

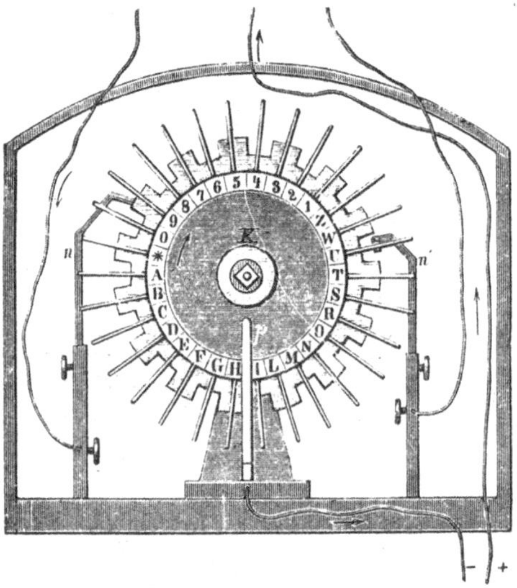

scheibe, von welcher wiederum stets nur ein einziger Buchstabe durch ein Fensterchen sichtbar war. Später erhielt der Zeichengeber ein vertical stehendes Schliessungsrad *K* (Fig. 15), welches mittels der Schleiffedern *n* und *n'* abwechselnd den elektrischen Strom in der einen oder der andern Leitung nach der Empfangsstation und dort durch den einen oder den andern Elektromagnet sandte, worauf der Strom in einem dritten Leitungsdrahte nach der gebenden Station zurückgeführt wurde. Die abwechselnd angezogenen Anker *a* und *a'* der beiden Elektromagnete (Fig. 16) versetzten das auf der Axe des Ankerhebels sitzende Echappement in schwingende Bewegung und liessen so das von einem Gewichte *G* getriebene Steigrad und mit diesem zugleich den auf die

Axe des Steigrades aufgesteckten Zeiger schrittweise auf einer Buchstabenscheibe fortrücken.

In Deutschland wurden erst später Zeigertelegraphen gebaut (zuerst von Fardely), und auch in Frankreich wurde erst 1845 der optische Telegraph von Chappe durch Bréguet nachgeahmt. Der älteste in der deutschen historischen Abtheilung ausgestellte Zeigerapparat wurde

Fig. 16.

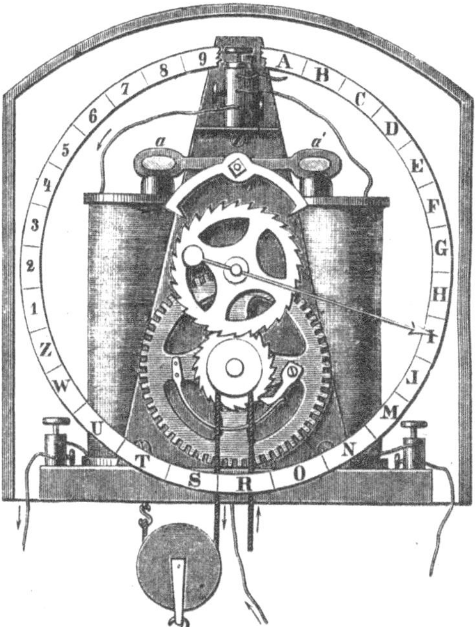

1845 von Leonhard in Berlin gebaut; in seinem Zeichenempfänger versetzt der elektrische Strom durch ein Echappement das Steigrad auf der Zeigeraxe unmittelbar in schrittweise Umdrehung, während die Schliessung und Unterbrechung des Stromes im Zeichengeber unter Mitwirkung eines Laufwerkes erfolgte. Der nächstälteste ausgestellte war der 1846 in Preussen patentirte, 1850 in Paris vorgeführte und in Fig. 17 abgebildete Zeigertelegraph von Siemens in Berlin. Dieser nach einem neuen Princip gebaute Telegraph (und in gleicher Weise der demselben beigegebene, mit dem Klöppel *N* gegen die Glocke schlagende Wecker) arbeitet mit Selbstunterbrechung des Stromes und macht den Zeiger *ab* durch selbstthätig und dabei sehr schnell auf einander folgende Schliessungen und Unterbrechungen des Stromes auf der Buchstabenscheibe bis zu dem zu telegraphirenden Buchstaben fortschreiten.

Fig. 17.

Auf der Axe *X* des von den Polen *C* und *C'* des Elektromagnets unter Mitwirkung der Spiralfeder *F* hin und her bewegten Ankers *A* sitzt nämlich (wie Fig. 18 noch deutlicher erkennen lässt) noch ein Arm *H*, an dessen Ende ein auf die Zähne des Sperrrades *R*, welches mit dem Zeiger *ab* auf eine Axe aufgesteckt ist, wirkender Federhaken *h* und ein Einfall *h'* angebracht ist, während eine auf der andern Seite des Sperrrades *R* liegende Sperrfeder eine Rückwärtsbewegung des Sperrrades verhütet. Unmittelbar unter dem Arm *H* liegt ein um *d* drehbarer metallener Hebel S, in dessen Mitte sich ein kleiner Schlitten mit vorstehenden metallenen Rändern befindet; an die Ränder des Schlittens legen sich die aus dem Hebel H vorstehenden Elfenbeinstifte bei der Bewegung des Hebels H an und bewegen den Hebel S mit dem Schlitten zwischen der Metallspitze E und der Achatspitze E' hin und her. Da nun die Stellschraube E und der Schlitten, wie Fig. 18 erkennen lässt, in den Stromkreis des Linienstroms eingeschaltet ist, so wird der

Fig. 18.

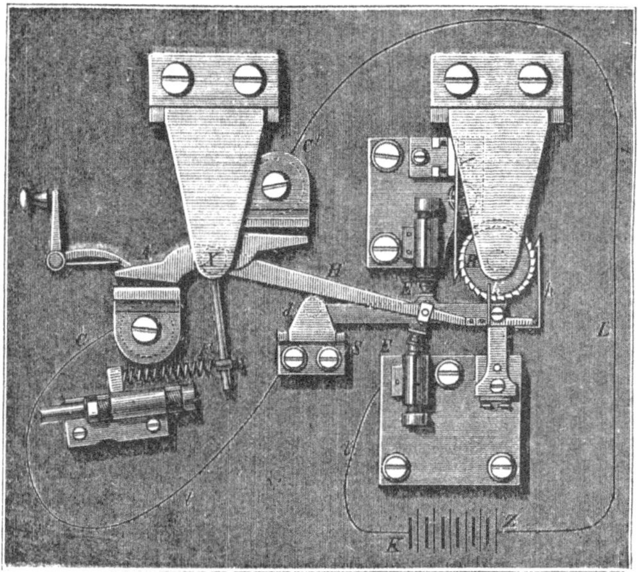

Strom der Linienbatterie KZ unterbrochen, sobald der Anker A und der Arm H sich so weit bewegt hat, dass der letztere an den Rand des Schlittens angetroffen ist und den Schlitten von der Schraube E entfernt hat. Dabei hat die Hakenfeder h über einen Zahn von R hingegriffen und dreht das Sperrrad R um einen Zahn, den Zeiger ab um ein Feld der Buchstabenscheibe fort, sowie die Spannfeder F bei Unterbrechung des Stroms den Arm H und den Schlitten an die Stellschraube E zurückführt. Dadurch ist aber der Linienstromkreis wieder geschlossen und dasselbe Spiel wiederholt sich solange, bis ein unter der Buchstabenscheibe parallel zum Zeiger ab liegender Arm f an einen Stift anstösst, welcher aus der Unterseite einer jeden der Tasten *cc* vorsteht und den Arm *f* bleibend aufhält, sobald die Taste niedergedrückt ist. Im letzteren Falle bleibt dann nicht blos der Zeiger des gebenden Telegraphen, sondern auch die Zeiger aller in dieselbe Linie *L* eingeschalteten Telegraphen, und zwar alle auf demselben Buchstaben, stehen, weil jetzt der Linienstrom unterbrochen bleibt, bis die Taste beim Loslassen von einer Feder gehoben wird. Dieser Telegraph ist zugleich der älteste ausgestellte Typendrucktelegraph; er besitzt nämlich eine Vorrichtung zum trockenen Abdruck (mittels Copirpapier) des telegraphirten

Fig. 19.

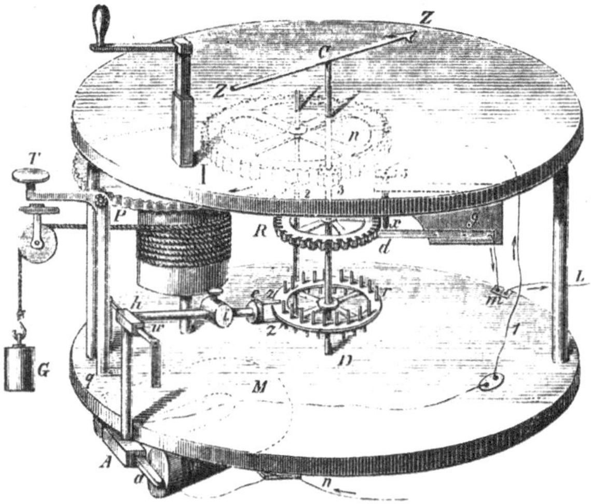

Buchstabens auf einem Papierstreifen, welche sich noch dadurch auszeichnet, dass der durch einen besondern Druckmagnet gesendete Local-Strom, sowie er zur Wirkung gekommen ist, sich durch Umlegung eines Hebels selbst unterbricht, worauf dann das Typenrad, dessen Typen nicht auf der Mantelfläche, sondern auf speichenartig vorstehenden Federn angebracht sind, von Neuem umlaufen kann; während dieses Umlaufs geht der Localstrom zwar auch durch den Druckmagnet, wird aber zugleich und an derselben Stelle mit dem Linienstrome in so schneller Folge unterbrochen und wieder hergestellt, dass jener Magnet seinen schweren Anker nicht anziehen kann; wird dagegen nach dem Niederdrücken einer Taste des Zeichengebers das Typenrad auf dem zugehörigen Buchstaben angehalten (eingestellt), so wird der Localstrom auf längere Dauer geschlossen, das Druckhämmerchen schnellt die eingestellte Type empor und drückt dadurch den über ihr liegenden Papierstreifen an die darüber befindliche Druckwalze an; durch die gleich darauf folgende selbstthätige Unterbrechung des Localstroms wird das Typenrad sofort wieder frei gemacht und eine Feder führt das Hämmerchen in dessen Ruhelage zurück, während der nächste Linienstrom jenen Unterbrechungshebel des Localstroms wieder in diejenige Lage

Fig. 20.

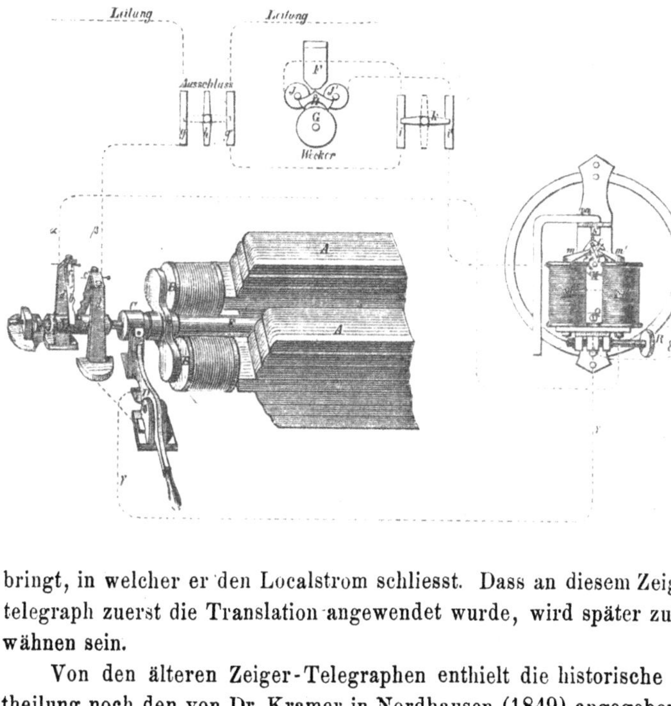

bringt, in welcher er den Localstrom schliesst. Dass an diesem Zeigertelegraph zuerst die Translation angewendet wurde, wird später zu erwähnen sein.

Von den älteren Zeiger-Telegraphen enthielt die historische Abtheilung noch den von Dr. Kramer in Nordhausen (1849) angegebenen, in Fig. 19 abgebildeten, welcher zwar auch mit Selbstunterbrechung des Stromes (zwischen der Contactschraube *x* und der Feder *d*, welche durch die Zähne des Rades *R* bei dessen Umdrehung von der Schraube *x* abgehoben wird) arbeitet, jedoch den Zeiger *Z* durch ein Laufwerk *P2n3* mit Gewicht *G* treibt, wobei der Anker *A* des Elektromagnetes *M*, dessen Spiel sich auf die am Ende des Hebelarmes *he* sitzende Gabel zz' überträgt, durch diese Gabel nur die schrittweise Bewegung des auf die Zeigeraxe *CD* aufgesteckten Steigrades *r* beherrscht. Leider fehlte das zu diesem Telegraphen gehörige, bei langen Leitungen als Relais dienende „Pendel". Ebenso fehlten der Zeigertelegraph von Fardely und jener von Drescher. Dagegen war ein von der Werkstätte der bayerischen Telegraphen-Verwaltung gebauter Stöhrer'scher Inductions-Zeigerapparat ausgestellt. Emil Stöhrer in Leipzig verwerthete bekanntlich (abweichend von Wheatstone) bei seinem auf den sächsischen und bayerischen Eisenbahntelegraphenlinien lange Zeit hindurch benutzten Zeigertelegraphen zuerst (1847) die Wirkung der von einer Inductorspule *BB* (Fig. 20), welche auf der Welle *CE* vor den Polen eines kräftigen Hufeisenmagnetes *AA* in Umdrehung versetzt wird, gelieferten Wechselströme auf einen durch magnetische Induction

Fig. 21.

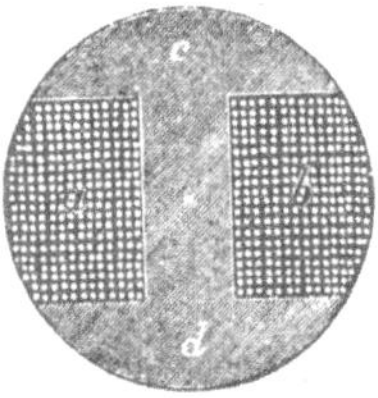

seitens des Magnetspoles *N* polarisirten Lappen oder Anker *n*, welcher seine hin- und hergehende Bewegung zwischen den Polen *m* und *m'* des von den Wechselströmen durchlaufenen Elektromagnetes *MM'* unmittelbar auf ein Echappement *r* und durch dieses auf das auf der Zeigeraxe *i* sitzende Steigrad *K* übertrug. Während aber Stöhrer den Inductor durch ein Laufwerk von einem Gewichte in Umdrehung versetzen liess, verband Siemens 1857 seinen Cylinderinductor, dessen **I**-förmiger, in Fig. 21 im Querschnitt abgebildeter Kern *cd* in den seitlichen Räumen *a* und *b* die Windungen der Inductionsspule aufnimmt, in der durch Fig. 22 erläuterten Weise mittels eines Räderpaares mit einer Kurbel, welche mit der Hand über der Buchstabenscheibe des Zeichengebers umgedreht wird und dabei Wechselströme*) in ungemein rascher Folge in die Leitung sendet. Dieser (1856 erfundene) Cylinderinductor, mittels dessen man die inducirende Wirkung einer grösseren Anzahl von Magneten in derselben Inductionsspule anzuhäufen vermochte, konnte

*) Beim Cylinderinductor fallen die vier Ströme des Stöhrer'schen Inductors in zwei Wechselströme zusammen.

wegen seines geringen Trägheitsmomentes und Widerstandes unmittelbar in die Telegraphenleitung eingeschaltet werden. Der noch jetzt sehr verbreitete, mittels des Cylinderinductors betriebene Magnetzeiger von Siemens war zwar nicht in der historischen Abtheilung, wohl aber

Fig. 22.

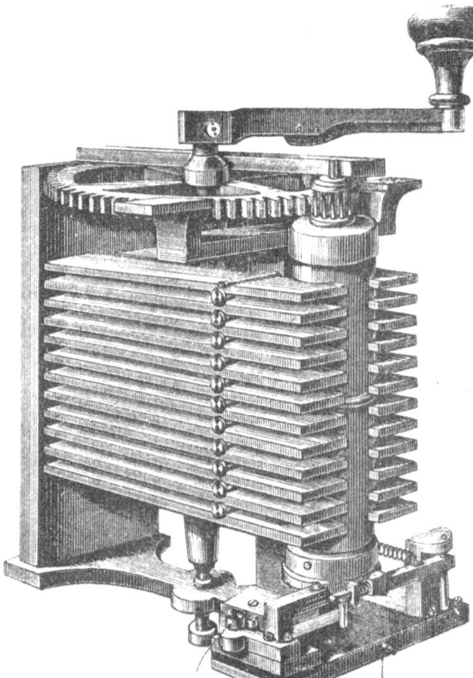

in der Ausstellung von Siemens und Halske in mehreren Formen zu sehen, die sich rücksichtlich der Anordnung und Einrichtung des eigenthümlichen polarisirten Magnetsystems von einander unterscheiden. Dieses Magnetsystem zeichnet sich dadurch aus, dass die als Anker dienende Zunge mit den beiden Elektromagnetkernen einen einzigen Magnet bildet, z. B. nordmagnetisch ist, während die Kernenden, zwischen denen die Zunge liegt, südmagnetisch sind, dass deshalb die Zunge in ihrer Mittellage von den beiden gleichnamigen Kernenden gleich stark angezogen wird, so lange den Elektromagnet kein Strom durchläuft, dass die Zunge dagegen während der Dauer des Stroms von dem einen Kernende angezogen und gleichzeitig von dem andern abgestossen wird. In der Form des Magnetzeigers, von welcher Fig. 23 die Aussenansicht wiedergiebt, während Fig. 24 die innere Einrichtung erkennen lässt, durchlaufen die vom Inductor *J* bei Umdrehung der Kur-

Fig. 23.

bel *H* in die Leitung gesendeten Ströme die Spule eines Elektromagnetes, dessen Kern an den Polen mit den Verlängerungen *A* zwischen die entgegengesetzten Pole zweier Hufeisenmagnete *B* und *B'* hineinragt und von denselben bei stromfreier Linie gleichstark angezogen wird, durch die vom Inductor gelieferten Wechselströme dagegen hin und her bewegt wird; mittels der rückwärts sichtbaren Gabel und deren beiden Hakenfedern wird diese schwingende Bewegung des Kerns in eine schrittweise Drehung des Zeigers über der Buchstabenscheibe umgesetzt.

Die neueste, am 3. Oktober 1872 patentirte Form des Magnetzeigers von Siemens enthält (abweichend von Fig. 23) blos eine, sowohl beim Geben, als beim Empfangen benutzte Buchstabenscheibe, die zugleich mit einer Typendruckvorrichtung ausgerüstet ist, und anstatt der erwähnten Kurbel *H* eine Anzahl im Kreise um den Zeiger liegender Tasten oder Knöpfe erhalten hat, deren jede nach dem Niederdrücken so lange niedergedrückt erhalten bleibt, bis eine andere niedergedrückt

Fig. 24.

wird. Vorher schon hatte Wheatstone an seinem ebenfalls mit Wechselströmen arbeitenden Magnetzeiger, dessen Empfangsapparat zwischen zwei stabförmigen Elektromagneten einen eigenthümlich geformten permanent magnetischen Anker enthält, eine Kette angebracht, welche verhütet, dass zwei Tasten gleichzeitig niedergedrückt werden konnten. Schliesslich mag noch kurz erwähnt werden, dass bei dem einen der von Siemens und Halske ausgestellten Zeigerapparate eine Vorrichtung zur Unterdrückung der Inductionsströme von der einen Richtung angebracht war, damit man mit den übrigbleibenden gleichgerichteten Strömen auf einem sogenannten Zwischenwecker (z. B. an einer zwischen zwei Zeigertelegraphenstationen gelegenen Station) ein besonderes Signal geben könne. Diese Vorrichtung besteht einfach aus einer zweiten auf der Inductoraxe schleifenden Feder, nur dass die Axe an der Stelle, wo diese zweite Feder auf ihr liegt, zur Hälfte aus isolirendem Material hergestellt ist.

Der auf Seite 18 erwähnte Siemens'sche **Typendrucktelegraph** mit Selbstunterbrechung ist nicht der älteste Typendrucktelegraph überhaupt; denn den ersten Typendrucktelegraphen construirte schon 1837 der Nord-Amerikaner Vail; darauf folgte Bain 1840, Wheatstone 1841, und auch in Deutschland hatte bereits 1844 der in einen Typendrucktelegraphen verwandelte Zeigertelegraph von Fardely auf der Taunusbahn Anwendung gefunden.

Andere Typendrucktelegraphen wurden im Gebiete des deutschen Reichs nicht erfunden, konnten also auch nicht in der historischen Ausstellung vorhanden sein. Wohl aber zeigte diese Ausstellung in Deutschland gebaute Hughes'sche Typendrucktelegraphen, welche mit Translationsvorrichtung ausgerüstet waren und zwar theils nach Angabe von Maron mittels zweier polarisirter Siemens'scher Relais unter Benutzung von Zweigströmen, theils unter Benutzung des von Gustav Jaite in Berlin angegebenen automatischen Stromwenders.*) Von französischen Firmen waren in der französischen Ausstellung neben den Hughes'schen**) auch die mit 2 Typenrädern versehenen Typendrucktelegraphen von d'Arlincourt in Paris und von Dujardin in Lille ausgestellt. Ebenso waren die in der österreichischen Abtheiluug des Industriepalastes befindlichen neuen Börsen-Telegraphen von O. Schäffler und von A. Bauer und F. Kreb Typendrucktelegraphen, dieselben erfordern aber beide zu ihrem Betrieb nicht blos einen Leitungsdraht. Der erstere derselben ist in Wien in Gebrauch und erfordert zwei Leitungen, von denen in der einen Wechselströme ein durch ein Gewichtwerk getriebenes Echappement bewegen und dadurch das Typenrad einstellen, worauf dann ein die zweite Leitung durchlaufender, auf den ebenfalls polarisirten Anker eines Elektromagnets wirkender Strom das

*) Beide Translatoren sind in Dub, die Anwendung des Elektromagnetismus (2. Aufl. Berlin 1873), ausführlicher beschrieben und zwar die erstere auf S. 568 ff., die zweite auf S. 556 bis 568.

**) Unter diesen mögen die von Dumoulin-Froment gebauten Hughes-Apparate, bei denen der Contact nicht durch den Schlitten selbst, sondern mittels einer vom Schlitten auf und nieder bewegten Feder hergestellt wird, und Hughes-Translatoren mit zwei Elektromagneten besonders namhaft gemacht werden. — Ueber die älteren Typendrucktelegraphen von Vail, Bain, Theiler, Donnier, House, Brett, Freitel, Digney, Schreder u. a. vgl. Zetzsche, die Copirtelegraphen, die Typendrucktelegraphen und die Doppeltelegraphie, Leipzig 1865.

Aufdrucken des eingestellten Buchstabens auf den Papierstreifen bewirkt. Der Börsen-Telegraph von Bauer und Kreb erfordert gar drei Schleifen-Leitungen; zwei derselben dienen abwechselnd zur Einstellung der Typenräder, für deren richtigen Gang indessen eine *Selbstcontrole* hergestellt ist, in Folge deren das abgesandte telegraphische Zeichen schliesslich wieder auf der Ausgangsstation eintrifft; ist dadurch nachgewiesen, dass alles in Ordnung ist, so wird nun erst mittels der dritten Linie das Aufdrucken des eingestellten Buchstabens veranlasst. Der allerneueste Typendrucktelegraph dagegen ist wieder eine Erfindung von Werner Siemens und traf erst gegen Mitte August in dessen Ausstellung ein; bei diesem *Schnelldrucker* ist der Druckapparat mit dem automatischen Zeichengeber auf einen kleinen Raum zusammengedrängt. Die Stromgebung beim Schnelldrucker wird später bei Besprechung der automatischen Zeichengeber mit geschildert werden, und dort soll dann auch weiter angegeben werden, wie das Typenrad durch zwei auf ein und dieselbe Steigradaxe wirkende Echappements eingestellt wird.

Copirtelegraphen führte die historische Abtheilung nicht vor; von den Deutschen hat sich an der Erfindung und Verbesserung dieser Telegraphen ausser Matth. Hipp Niemand betheiligt. Der von Hipp 1851 gebaute Copirtelegraph copirt das Originaltelegramm nicht auf elektrochemischem Wege, sondern mechanisch mittels einer durch einen

Fig. 25.

Elektromagnet bewegten Schreibfeder; leider war dieser Copirtelegraph in der deutschen historischen Ausstellung nicht zu sehen. Dagegen hatte M. Hipp, zur Zeit Director der Telegraphenfabrik in Neuenburg, von Anfang September an in der Schweizer Abtheilung der Weltausstellung seinen den Copirtelegraphen nahestehenden *Buchstabenschreibtelegraph**) ausgestellt; derselbe schrieb sämmtliche Buchstaben als Theile des in Fig. 25 abgebildeten Schriftzuges, welcher von dem durch ein Uhrwerk getriebenen Schreibstifte über dem Papierstreifen beständig durchlaufen wurde.

Im Anschluss hieran sei noch erwähnt, dass sich in der Ausstel-

*) Ueber diesen und die ihm verwandten Telegraphen von Vavin & Fribourg, von Barnes und von Bonelli vgl. Galle-Zetzsche, Katechismus d. Telegraphie (5. Aufl., Leipzig 1873) S. 202 ff.

lung der französischen Telegraphen-Verwaltung zwei neuere Copirtelegraphen befanden, nämlich die von B. Meyer und von Guyot d'Arlincourt.*) Der Copirtelegraph Arlincourts copirt wie die älteren von Bakewell (1848), Bain (1850), du Moncel (1851) und Caselli (1856) das Telegramm elektrochemisch, allerdings unter Verwendung eines eigenthümlichen Relais; der Synchronismus wird durch einen Stimmgabel-Regulator und durch nach jedem Umlaufe des Papiercylinders von der Empfangsstation abgesendete Correctionsströme erhalten. Der

Fig. 26.

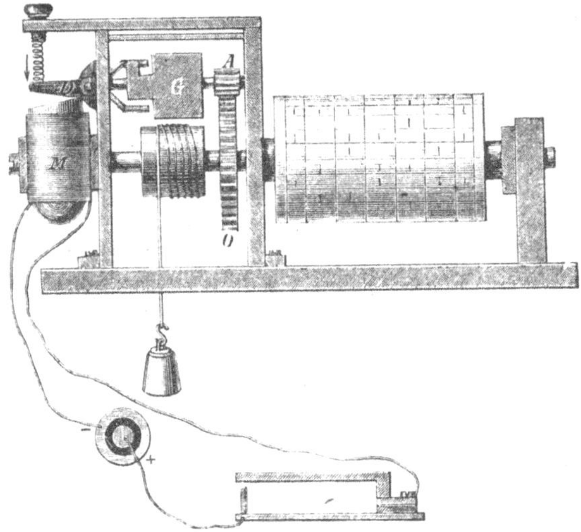

Copirtelegraph Meyer's ist (wie jene von Hipp und Lenoir) ein elektromechanischer, und der die Schriftzüge copirende Theil ist ganz ähnlich wie der schreibende Theil in dem später zu besprechenden Meyer'schen mehrfachen Telegraphen, nämlich eine schraubengangförmig gewundene Schneide auf einem umlaufenden Cylinder, gegen diesen Cylinder aber wird der über eine Schneide am Ankerhebel des Elektromagnetes laufende Papierstreifen zur rechten Zeit angedrückt.

Die **Schreibtelegraphen** erzeugen gewisse zur Schrift gruppirbare b l e i b e n d e Zeichen auf einem Blatt oder Streifen Papier und zwar ent-

*) Von beiden haben sowohl das Polytechnische Centralblatt (1870 S. 1097; 1874 S. 473) wie Dingler's Polytechnisches Journal (Bd. 209 S. 111; Bd. 212 S. 295) Beschreibungen und Abbildungen gebracht.

weder mittels der unmittelbaren Ablenkung einer Magnetnadel durch den elektrischen Strom (wie bei dem Steinheil'schen Telegraph), oder mittels der chemischen Wirkung des Stroms, oder mittels der Anziehung eines Elektromagnets auf einen unmagnetischen oder magnetisirten Eisenanker. Dem schon auf S. 3 erwähnten Vorschlage von Coxe zur Erzeugung einer elektrochemischen Schrift folgten andere von Davy (1838, unter Mitbenutzung eines Elektromagnetes *M*, Fig. 26, dessen Anker *D* das Echappement *G* eines Triebwerks *AO* bewegte und durch letzteres den Cylinder in schrittweise Umdrehung versetzte, auf welchem das mit dem vom Strom zu zersetzenden Salze getränkte Papier befestigt war), von Baggs (1841), Bain, Gintl u. s. w. Die deutsche historische Ausstellung hätte den chemischen Doppelstiftapparat von Stöhrer vorführen können. Auch Morse behauptet, schon 1832

Fig. 27.

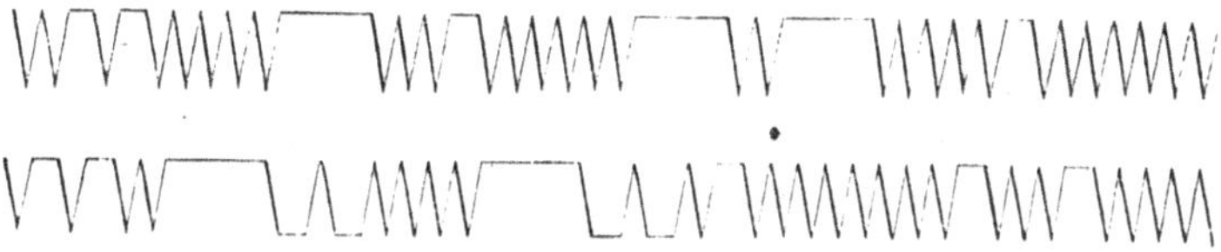

auf der Rückreise nach Amerika den Plan zur Erzeugung einer telegraphischen Schrift auf elektrochemischem Wege gefasst zu haben, wie er auch noch vor seiner Landung in Amerika einen Apparat zur Erzeugung von Schrift durch elektromagnetische Anziehung entworfen haben will, obgleich er erst im November 1835 seinen Freunden ein fertiges Modell jenes Apparates vorzeigte, in welchem zickzackförmige Schriftzüge, wie sie Fig. 27 vor Augen führt, mittels eines auf einem gleichförmig fortbewegten Papierstreifen ruhenden, mit dem Anker eines Elektromagnetes unmittelbar verbundenen und von diesem Anker horizontal hin und her bewegten Schreibstiftes erzeugt wurden, und obgleich er erst im October 1837 sein Patentgesuch einreichte. Die jetzige einzeilige, aus Punkten und Strichen gebildete Morseschrift erscheint entweder erhaben oder farbig auf den Papierstreifen.

Der älteste der in der historischen Ausstellung enthaltenen Schreib-Apparate für erhabene Schrift ist der Stift- oder Reliefschreiber von Siemens und stammt aus dem Jahre 1849, also aus der frühesten Zeit der Einwanderung des Morse-Telegraphen in Deutschland; der Anker des aufrechtstehenden Elektromagnetes dieses Stiftschreibers bildet eine oben geschlitzte eiserne Röhre, der Ankerhebel aber hat, ähnlich wie die späteren Schreibapparat-Translatoren, einen nach unten gerichteten Arm, an welchen sich die Abreissfeder anheftet. Der nächstälteste der ausgestellten Stiftschreiber wurde von Siemens 1853 ausgeführt und kam auf den von Siemens und Halske gebauten russischen Staats-Telegraphen-Linien zur Verwendung; derselbe sollte als Schnellschreiber arbeiten; daher wurde der Schreibhebel mit dem einen Kern des horizontal liegenden Elektromagnetes verbunden, und es wurde dieser um eine horizontale Axe schwingende Kern schuhförmig bis zum

Fig. 28.

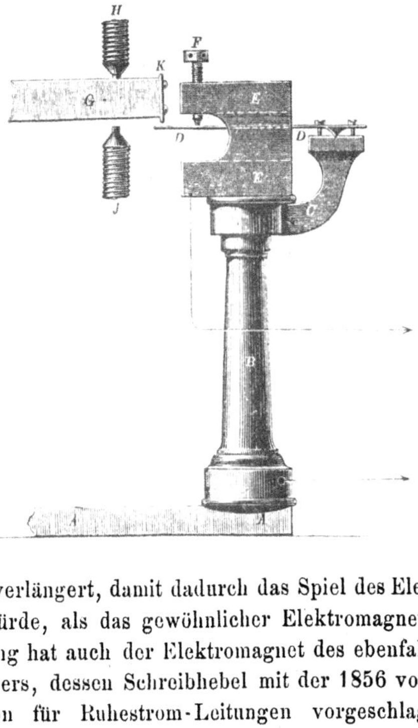

anderen Kern verlängert, damit dadurch das Spiel des Elektromagnetes minder träg würde, als das gewöhnlicher Elektromagnete. Die nämliche Einrichtung hat auch der Elektromagnet des ebenfalls ausgestellten Stiftschreibers, dessen Schreibhebel mit der 1856 von C. Frischen zur Translation für Ruhestrom-Leitungen vorgeschlagenen Unterbrechungsfeder ausgerüstet ist. Die Unterbrechungsfeder *DD* (Fig. 28) ist auf dem Arme *C* der sowohl gegen die Grundplatte *AA* wie gegen das die Contactschraube *F* tragende Metallstück *E* isolirten Säule *B* befestigt und wird durch das Elfenbeinstück *K* am Schreibhebel *G* von *F* entfernt, sobald dieser die Ruhecontactschraube *H* verlassen hat. Bei dem Reliefschreiber von Lewert in Berlin (1865) ist die Federtrommel des Triebwerkes abnehmbar und das Triebwerk selbst steckt in einem Kasten, an dessen Seite der Papierstreifen hingeführt wird.

Grössere Mannichfaltigkeit in der Construction zeigt sich bei den Farb-, Schwarz- oder Blauschreibern. Den ersten derselben construirte der Ingenieur Thomas John in Prag 1854; an dem in der historischen Abtheilung ausgestellten Original sitzt das von einer Farbrolle (einer mit Farbe getränkten Filzrolle) mit Farbe gespeiste Schreibrädchen oberhalb des Papierstreifens auf einem federnden Hebel, welcher über dem Elektromagnet-Ankerhebel liegt und dessen auf- und niedergehende Bewegungen mitmachen muss, weil er mit ihm durch ein Stäbchen verbunden ist; das Schreibrädchen wird durch einen Schnurlauf von der ziemlich entfernt von ihm liegenden oberen Papierzugwalze aus in Umdrehung versetzt. Die historische Abtheilung enthielt ferner einen polarisirten Farbschreiber (mit Schneide am Schreibhebel und Digney'scher Farbscheibe) in dem Apparatsystem für submarine Leitungen, welches Siemens 1857 für das Rothe-Meer-Kabel construirte, sowie die erste (1862 in England patentirte) Construction des polarisirten Farbschreibers, bei welcher ein an einer mit Universalgelenk versehenen, langsam umlaufenden Axe sitzendes, von dem Schreibhebel gegen den Papierstreifen bewegtes Schreibrädchen in einen offenen Farbbehälter eintauchte, dessen Niveau verstellbar war. Mittels dieser polarisirten Farbschreiber (und der später noch zu erwähnenden ähnlichen polarisirten Relais und besonderer Taster) führte Werner Siemens die Wechselströme auch in die Morse'sche Telegraphie ein; ebenso arbeitete er zuerst auf Unterseelinien mit Wechselströmen und zwar 1858 auf der Linie Cagliari-Malta-Corfu, dann im Rothen Meere. Auf ersterer Linie wurde mit elektro-elektrischen Inductionsströmen telegraphirt und zuerst bei diesen die Translation angewendet. Im Rothen Meere dagegen (1859 in Aden) schaltete Siemens zuerst statt der Erde eine mit dem Namen „elektrischer Sack" belegte grosse Leydener Flasche (ein Stück des für die Fortsetzung der Linie nach Indien bestimmten Kabels) als Condensator am Kabelende ein, um die Sprechgeschwindigkeit zu erhöhen. Auf die Anwendung eines Condensators auf die Telegraphie hatte Isham Baggs zwar schon am 22. Mai 1858 in England ein Patent erlangt, Siemens hatte davon aber keine Kenntniss erlangt, da er schon im Herbst 1858 mit der Kabelexpedition nach dem Rothen Meere abreiste. Der ebenfalls in der historischen Abtheilung vorhandene Farbschreiber von Lewert in Berlin (1865) mit abnehmbarer Federtrommel hat die von Digney und Baudoin in Paris 1858 gewählte Einrichtung, insofern das Schreibrädchen am Apparatgestell festsitzt und nur durch die darauf liegende Farbwalze in langsame Umdrehung versetzt wird, während der in eine Schneide endende Schreibhebel den Papierstreifen an das Schreibrädchen heranbewegt, so oft der Elektromagnet seinen Anker anzieht; doch hat Lewert über der Farbwalze einen Farbebehälter mit Ventil angebracht. Der andere Farbschreiber von Lewert (1868) ist mit Selbstauslösung ausgerüstet

Fig. 29.

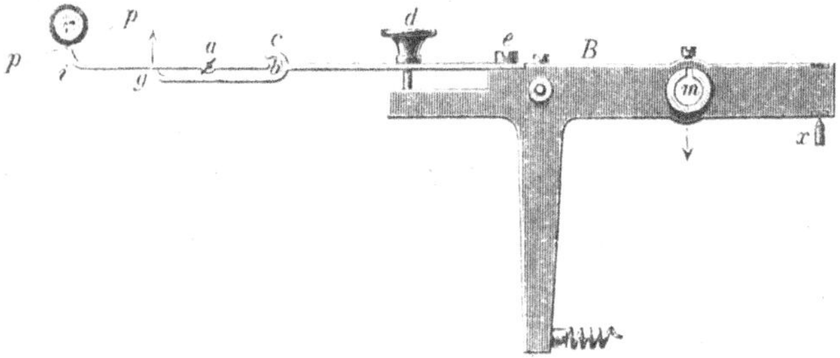

und zeigt zugleich (wie auch ein von Meller in Köln ausgestellter) die von Brabender (1869) angegebene, in Fig. 29 abgebildete Einrichtung des Schreibhebels, welche denselben sowohl für Arbeitsstrom als (nach dem Niederschrauben der Schraube *d*) für Ruhestrom verwendbar macht;

Fig. 30.

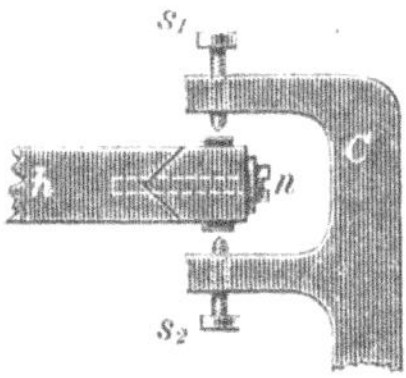

im erstern Falle wirkt *g* auf *ai*, im andern *c* auf *ab*, wenn *i* schreiben soll. Die etwas älteren derartigen Einrichtungen von Wiehl (1868) und von Dehms vermisste man in der historischen Ausstellung. Einen Schreibapparat mit einer ähnlichen (mit Ruhestrom jedoch weniger gut, als mit Arbeitsstrom arbeitenden) Hebelverbindung zur Erreichung desselben Zweckes hatte O. Schäffler (in Firma Keitel) in Wien zugleich im Pavillon für den Welthandel und im eigentlichen Industriepalaste ausgestellt und an letzterer Stelle auch eine hübsche Construction des Hebels eines gewöhnlichen Relais, das für Ruhestrom sowohl wie für Arbeitsstrom brauchbar sein soll. Schäffler hat nämlich, wie Fig. 30 zeigt, den vordern, auf der einen Seite mit einem Platinplättchen, auf der andern mit einem Elfenbeinplättchen belegten Theil des Relaishebels *h* einfach in der Weise um eine Schraube *n* drehbar gemacht, dass nach Bedarf das Platinplättchen genau der obern oder der untern Stellschraube s_1 oder s_2 im Contactständer *C* der Localbatterie gegenübersteht; zur Erhaltung der genauen Stellung des drehbaren Endes stösst dasselbe nicht stumpf an den Relaishebel, sondern greift mit einer Art Schneide in denselben hinein. Ebenso hat auch Siemens bei seinen neuesten, für Eisenbahnwärterstationen und für Feuerwachen bestimmten Farbschreibern einen neuen Weg zur Erreichung desselben Ziels eingeschlagen, insofern er die Schenkel des aufrecht stehenden Elektromagnetkernes seitwärts zu einander zugewandten Schuhen, zwischen welchen der Ankerhebel eben noch Platz hat, verlängerte und den Anker an diesem Hebel oberhalb oder unterhalb der Schuhe mittels einer einzigen Schraube befestigte, je nachdem der Apparat in eine Leitung für Arbeitsstrom oder für Ruhestrom eingeschaltet werden soll. Die historische Ausstellung enthielt endlich noch den polarisirten Farbschnellschreiber von Siemens (1868); dieser Apparat, an welchem sich durch Federn, welche gegen die Innenwand eines Hohlcylinders angedrückt werden, die Ablaufgeschwindigkeit des Papierstreifens innerhalb verhältnissmässig weiter Grenzen leicht und schnell verändern und dann constant erhalten lässt, hat, wie auch jener von 1862, Blechkerne in seinem Elektromagnete. Ein Farbschreiber der seit 1861 von G. Wernicke in Berlin gebauten Art*), bei welchem die Farbe durch ein Capillarröhrchen aus dem am Schreibhebel befestigten und sich mit ihm bewegenden, mit losem wolligen Haar angefüllten Farbegefässe auf den Papierstreifen gelangt, war in der historischen Abtheilung nicht zu sehen, wenn man nicht den von der bayerischen Telegraphen-Verwaltung ausgestellten Farbschreiber (welchem übrigens ein vom Gewerbe-Institute in Lissabon zur Schau gestellter sehr ähnelt) hieher rechnen will, bei welchem der Papierstreifen vom Schreibhebel gegen eine feine Mündung am unteren Ende des Farbegefässes heranbewegt wird. Dagegen zeigte ein anderer bayerischer Farbschreiber mit Schneide am Ankerhebel eine neue Weise der Uebertragung der Drehung auf das

*) Vgl. Dub, Anwendung des Elektromagnetismus, S. 490.

Schreibrädchen, nämlich durch eine Art Sternrad, eine Anordnung, welche auch in ähnlicher Weise an einigen französischen Farbschreibern zu bemerken war. Kurz sei endlich auf den zugleich als Schreibrädchen dienenden eigenthümlichen Farbebehälter des in der französischen Abtheilung befindlichen, für Rault und Chassan patentirten, von mehreren Firmen gebauten Farbschreibers hingewiesen, dessen aus zwei um den cylindrischen Farbebehälter herumlaufenden Rändern gebildeter Spalt oder Schlitz, aus welchem die Farbe auf den Papierstreifen fliesst, sehr an ein älteres, 1868 der Telegraph Work Company patentirtes Farbgefäss*) erinnert.

Unter den in Wien ausgestellten Morse'schen Eisenbahndiensttelegraphen zeichneten sich die Stations-Telegraphenapparatsätze von Siemens und Halske aus. Für dieselben sind die zu einer Station gehörigen Apparate (Farb- oder Stiftschreiber, Relais, Taster, Galvanoskop, Blitzableiter) auf einem gemeinschaftlichen Grundbrete festgeschraubt, welches in eine Vertiefung des Apparattisches eingesetzt wird. Dabei sind behufs schneller und einfacher Auswechselung eines solchen Apparatsatzes die Leitungsdrähte nicht unmittelbar nach Klemmschrauben an den einzelnen Apparaten geführt, sondern mit schneidenförmigen, in jener Vertiefung des Tisches befindlichen Ständern verbunden, auf welche sich beim Einsetzen des Grundbretes in die Vertiefung die sogenannten Federschlussklemmen (nach Frischen) auflegen und die nöthigen Apparatverbindungen herstellen. So lange dagegen das Grundbret aus der Vertiefung ausgehoben ist, stellt eine ausserdem noch vorhandene Federschlussklemme die kurze Verbindung zwischen den in die Station einmündenden (Luft- und Erd-) Leitungen her; beim Wiedereinsetzen des Grundbretes aber wird diese kurze Verbindung selbstthätig wieder gelöst. Die ebenfalls in Wien ausgestellten für vorübergehenden Dienst bestimmten Eisenbahnwärterbudentelegraphen von Siemens und Halske sind erst seit etwa $1^1/_2$ Jahr entstanden und auf mehreren Eisenbahnen bereits eingeführt. Der eiserne Anker der horizontalen Elektromagnete ist bei diesen Telegraphen, in ähnlicher Weise wie zuerst bei dem Siemens'schen Zeigerapparat mit Selbstunterbrechung und später auch bei dem Siemens'schen Dosenrelais, zwischen die Elektromagnetpole gelegt; ein seitwärts vom Anker auslaufender Arm trägt das in ein Gefäss mit flüssiger Farbe eintauchende Schreibrädchen oder ein Farbscheibchen aus Stiftblau; an einer Rückverlängerung dieses Armes heftet sich die Abreissfeder an. Der ganze

*) Vgl. Katechismus d. Telegraphie, S. 179.

Apparatsatz ist in einen hölzernen Kasten eingeschlossen, welcher sich ganz auseinanderschlagen und dessen Thür sich um eine horizontale Axe um 90° umklappen lässt und dann als Schreibpult dienen kann; dabei ist die untere Thürhälfte doppelt, und es bleibt der innere Theil stehen, während der äussere sich mit umklappt. Beim Schliessen des Kastens legt sich eine Metallschiene an der Thür an 2 Federschlussklemmen an und schaltet den Apparat unter Herstellung eines kurzen Schlusses der Linie aus letzterer aus; beim Oeffnen der Thür wird dieser kurze Schluss durch die Federn beseitigt und der Apparat zugleich eingeschaltet.

Auch an Versuchen, in zwei Zeilen vertheilte Striche und Punkte zu einer elektromechanischen telegraphischen Schrift zu grup-

Fig. 31.

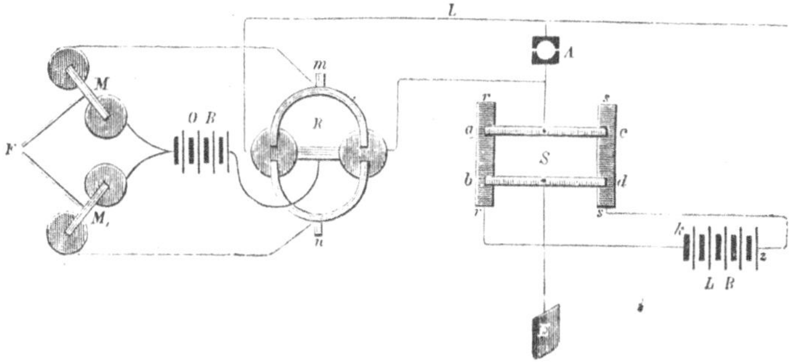

piren, hat es nicht gefehlt. Die von Emil Stöhrer in Leipzig dazu angegebenen elektromagnetischen Doppelstift-Apparate kamen in Sachsen, in Bayern (1849 bis 1858) und versuchsweise in Oesterreich in Gebrauch, mussten aber, trotz ihrer bequemen, einfachen und kurzen Schrift, dem Morse'schen Einstiftsapparate weichen. Die historische Abtheilung führte einen von Stöhrer selbst gebauten Doppelstift-Apparat ältester Construction vor Augen, mit dem dazu gehörigen polarisirten Relais *R* und Commutator oder Doppeltaster *S*, welche nach dem Schema Fig. 31 mit den beiden Schreibapparaten *M* und M_1 und der Localbatterie *OB* verbunden wurden, deren Strom durch den Kern des Relais-Elektromagnetes nach *M* oder M_1 gelangte, wenn der Telegraphirstrom in der Linie *L* einen der neben den beiden Polen des hufeisenförmigen Elektromagnetkernes liegenden polarisirten Anker *m* oder *n* des Relais *R* an den einen Schenkel des Kerns heranzog; beim Telegraphiren wurde durch einen in den Umschalter *A* eingesteckten Stöp-

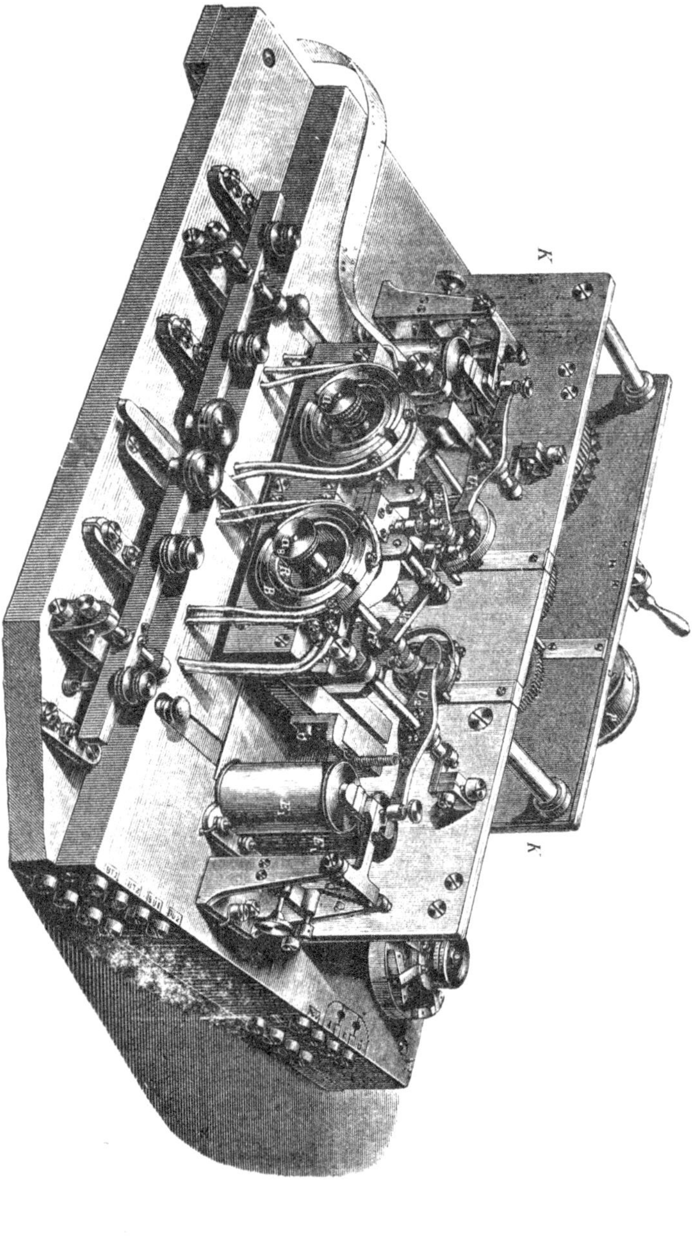

Fig. 32.

sel das Relais ausgeschaltet und beim Niederdrücken des Hebels *bd* oder des Hebels *ac* auf die Contactschiene *ss* der positive oder negative Strom der Linienbatterie *LB* in die Leitung *L* entsendet. Bei dem späteren Relais waren die beiden Anker zwischen den Schenkeln zweier Hufeisenmagnete drehbar befestigt und wurden von diesen magnetisch inducirt, durch die Stromwirkung aber (wie Fig. 31 andeutet) auf den Kern des Elektromagnets *R* herabgezogen. Ein jenem ältesten ganz ähnlicher Stöhrer'scher Doppelstiftapparat befand sich in der bayerischen Abtheilung der historischen Ausstellung, zugleich in letzterer ein neuerer Doppelstiftschreiber nebst vier verschiedenen Relais dazu (mit beweglichen Lamellen, mit zwei constanten Stahlmagneten, mit zwei Hufeisen-Magneten, mit sechs Stabmagneten). Dagegen begegnete man wieder in der allgemeinen Abtheilung den Siemens'schen Abänderungen des Doppelstiftapparates: einem Doppelstift-Reliefschreiber (1850), nebst der ältesten Form des polarisirten Relais (ohne Stahlmagnete, die Anker von den Kernen eines von einem Zweigstrome der Local-Batterie umströmten Elektromagnetes magnetisch inducirt) und einem Tastenwerk mit 30 Tasten und einer Stiftenwalze, sodann einem polarisirten Doppelstift-Relais mit Stahlmagneten (1852), welches übrigens in seinem Bau dem eben erwähnten Relais der ältesten Form ganz ähnlich ist.

Die neueste Zeit hat endlich zwei Vorschläge zur Wiederaufnahme der Steinheil'schen Schrift gebracht, welche lediglich aus in zwei Zeilen vertheilten, durch gleichkurze positive und negative Ströme erzeugten Punkten besteht. Der eine dazu bestimmte, in Fig. 32 abgebildete Telegraph, welcher die Vorzüge des Morse'schen Telegraphen mit denen des Hughes'schen Typendruck-Telegraphen vereinigen soll und deshalb dem letzteren in mancher Beziehung ähnelt, aber des Synchronismus nicht bedarf, wurde von G. Jaite in Berlin 1868 bis 1870 entworfen, von W. Gurlt in Berlin gebaut und ausgestellt. Das von Jaite aufgestellte Alphabet weicht in mehreren Beziehungen nicht unvortheilhaft von dem Steinheil'schen ab. Bei diesem, von Jaite „Fernschreiber" genannten Apparate werden die in zwei Zeilen stehenden Punkte durch ein geeignetes Stanzwerk, welches Fig. 33 zeigt, als Löcher in einem (zwei oder drei) Papierstreifen, welche in dem Schlitze *τ* unter dem Stempel *ξ* vorbeigeführt werden, durchgestossen, damit jedes Telegramm von jedem Streifen ab auch sofort und bequem automatisch weiter telegraphirt werden könne. Die weichen Kerne der beiden aufrecht stehenden Elektromagnete E_1 und E_2 sind polarisirt, da sie auf den Schenkeln zweier horizontaler Hufeisenmagnete stehen; die Kerne halten daher für gewöhnlich ihre Anker angezogen. Mittels der nach dem leicht verständlichen Schema Fig. 34 eingeschalteten, vor dem Empfangsapparate liegenden Taster T_1 und T_2 wird ein kurzer positiver oder negativer Strom in die Leitung L gesendet. Ersterer bewirkt, dass E_1, letzterer dass E_2 seinen Anker loslässt, worauf dieser durch Federwirkung emporschnellt und den Auslösehebel U_1 oder U_2 mit

Fig. 33.

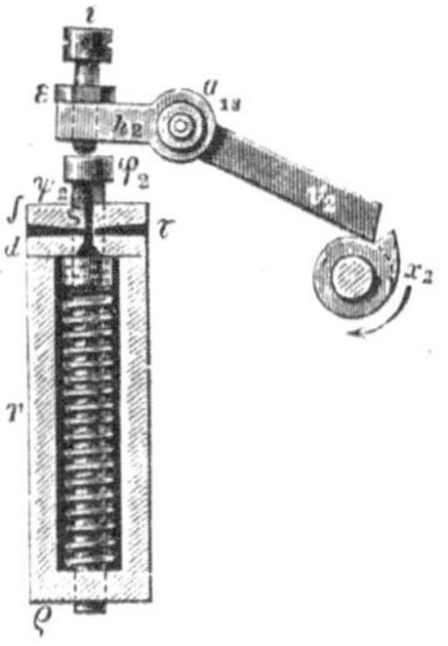

dessen nach der Mitte hin liegenden Nasenende senkt, sodass das vordere Ende der Axe a_7 oder a_8 von deren hintern Ende, welches von dem zwischen den Platten KK liegenden Triebwerke in stetiger Um-

Fig. 34.

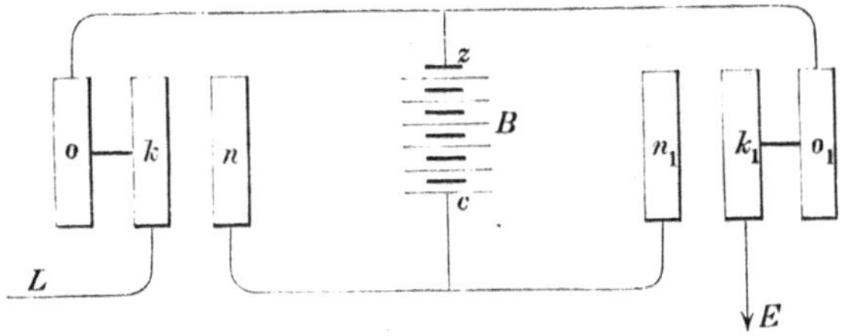

drehung erhalten wird, mitgenommen werden kann. Bei der einen Umdrehung, welche nun das vordere Ende der Axe a_7 oder a_8 vollbringt, hebt eine daransitzende Nase x_1 oder x_2 kräftig das Ende v_1 oder v_2 des Stanzhebels v_1 h_1 oder v_2 h_2 und durchlocht den oder die Papierstreifen. Nach Vollendung jener einen Umdrehung wird das vordere Ende der Axe a_7 oder a_8 von dem inzwischen in seine Ruhelage zurückgegangenen Auslösehebel U_1 oder U_2 wieder angehalten. Am vordersten

Ende der Axen a_7 und a_8 sitzen je drei ringförmige Contactstücke und ein voller Contactring, welche nebst der auf denselben schleifenden zweiarmigen Contactfeder zu der von Jaite angegebenen eigenthümlichen Translation dienen, bei welcher noch ein automatischer Umschalter benutzt wird. Das bis Ende 1870 benutzte ältere Modell des Jaite'schen Apparates, das neuere Modell des Fernschreibers und das neueste Modell des automatischen Umschalters für die Translation waren von Gurlt, das dazwischen liegende Modell des Fernschreibers von der kaiserl. Deutschen Telegraphenverwaltung ausgestellt.

Der andere Steinheilschrift erzeugende Telegraph, der Kettenschriftgeber von Siemens (1872), war in der Ausstellung von Siemens und Halske zu sehen; dieser Telegraph sendet jedoch die Ströme automatisch in die Telegraphenleitung, und seiner wird daher bei der automatischen Telegraphie wieder zu gedenken sein.

Im Anschlusse an die Schreibtelegraphen mag der **Relais** gedacht werden, wenn auch ein Relais zuerst (im April 1837 von Cooke und Wheatstone) für den zu einem Nadeltelegraphen gehörigen Wecker angewendet wurde. Von den Relais führte die historische Ausstellung eine sehr grosse Anzahl und von der verschiedensten Construction vor Augen. Neben dem ältesten deutschen (von 1849) mit geradem Ankerhebel fand sich das 1850 in Hannover benutzte mit Winkelhebel, ein von G. Wernicke angefertigtes Siemens'sches Dosenrelais (1851), das 1853 von Siemens construirte, zuerst auf den russischen Staats-Telegraphen-Linien zugleich mit dem schon auf S. 28 erwähnten, ähnlichen Stiftschreiber für Schnellschrift verwendete Relais mit schwingenden Kernen, und eine ganze Reihe der verschiedensten polarisirten Relais; die Relais von Nottebohm und von Borggreve (beide von 1857, mit liegendem Elektromagnet), ein Relais von 1868 mit nach der Stromstärke verstellbarem Elektromagnetkern und das mit zwei Stahlmagneten, mit zwei Elektromagneten (mit blechförmigen Kernen) und mit zwei Ankern versehene polarisirte Siemens'sche Relais zur Translation auf Wechselstrom-Linien (indo-europäische Linie, 1869). Die Relais für den Doppelstiftapparat haben schon Erwähnung gefunden. Von neueren Relais fanden sich in der französischen Ausstellung das keiner Regulirung bedürftige Relais von d'Arlincourt und das sehr empfindliche Relais für B. Meyer's mehrfachen Telegraphen, in der Ausstellung von Siemens und Halske aber ein aperiodisches Submarinerelais mit drei Ruhelagen für Wechselströme, und von Hefner-Alteneck's Abkürzungsrelais, welches eine Erhöhung der Sprechgeschwindigkeit auf Kabeln ermöglichen soll. Dieses submarine Relais für Wechselströme enthält entweder einen kräftigen Elektromagnet, welcher durch einen starken Localstrom erzeugt wird, oder einen durch ein System permanenter Magnete kräftig influenzirten Magnet. Der Nordpol dieses aufrechtstehenden Magnetes ragt durch ein in dem entsprechend verlängerten Südpole befindliches Loch, dessen Weite etwas grösser ist, als die Dicke des Nordpols, hindurch, und in dem Zwischenraume zwischen den beiden Polen, schwebt zwischen zwei Spiralfedern aufgehängt, eine kleine cylinderförmige Spule, welche aus umsponnenen Aluminiumdraht besteht und über eine dünne Aluminiumröhre gewickelt ist. Die Zuleitungen für den Linienstrom gehen entweder durch jene beiden Spiralfedern oder durch zwei seitliche lose gespannte Drähte b_1 und b_2, welche zugleich die centrale Lage der Spule im hohlcylinderförmigen magnetischen Felde sichern. Wird die Spule mit der Hand oder durch einen Strom aus ihrer Ruhelage entfernt, so fällt sie ohne alle Schwingungen in dieselbe zurück. Es ist diess die Folge der starken, die Bewegung der Spule dämpfenden Ströme, welche der permanente Magnetismus in dem Aluminiumringe erzeugt. Da aber die Spule somit vollkommen aperiodisch ist, kann sie mit sehr geringem Spielraume zwischen zwei Contactanschlägen aufgehängt werden, zwischen denen sie sich dann je nach der Richtung des sie durchlaufenden Linienstromes in dem zwischen jenen beiden Magnetpolen liegenden magnetischen Felde hebt oder senkt; dabei sendet sie aber den Localstrom durch den zwischen den Drähten b_1 und b_2 befindlichen mittleren Draht a in der einen oder andern Richtung durch einen polarisirten Schreibapparat S für Steinheilschrift. An der Spule ist nämlich ein Aluminiumbügel c angebracht, in welchem ein oben in eine Spitze, unten in eine ebene Fläche endender Contactstift befestigt ist, und diesem Contactstifte steht oben ein Contact s_1 mit ebener Fläche, unten ein Contact s_2 mit Spitze gegenüber. Ein positiver Strom legt die Spule an den obern Contact s_1, ein negativer an den untern s_2; da nun s_1 mit dem positiven Pole des Localbatterietheils B_1, s_2 mit dem negativen des Theils B_2 verbunden ist, während die andern Pole beider Theile B_1 und B_2 nach dem Schreibapparate S geführt sind, so schreibt letzterer bei positivem Linienstrome einen Punkt in der obern, bei negativem einen Punkt in der untern Zeile der Steinheil'schen Schrift. Die Bewegung der Spule mit ihrem Bügel lässt sich ausserdem auch unmittelbar durch eine Lupe beobachten, deren Visur auf den Contact am Bügel eingestellt ist. Dieses Relais, welches also drei Ruhelagen besitzt, zeichnet sich zugleich durch seine überraschende Empfindlichkeit aus, welche sich bei der Leichtigkeit des als Relaishebel dienenden Theils durch entsprechende Verstärkung des Elektro- oder permanenten Magnetismus jenes aufrechtstehenden Magnetes fast ganz beliebig gross machen lässt. Es gelang bei Benutzung eines solchen Relais mit 1 Daniell'schen Elemente in einer Leitung von 150,000 Einheiten Widerstand zu telegraphiren, während sich ein sehr empfindliches magnetisches Relais höchstens bei 5000 Einheiten Widerstand auf 1 Element noch als wirksam erweist. Die Spulen des Elektromagnetes M des in Fig. 35 skizzirten Abkürzungsrelais bieten dem Strome einen sehr grossen Widerstand (1780 S. E.) und sind einerseits mit der Axe *2* des Tasters T, andererseits mit der Erde leitend verbunden; von zwei Batterien ist der Kupferpol der einen B_1 mit dem Arbeitscontacte *1*, der Zinkpol der andern B_2 mit dem Ruhecontacte *3* des Tasters T verbunden, während die anderen beiden Pole zur Erde abgeleitet sind. Demnach durchläuft der Strom von B_2 in der

Fig. 35.

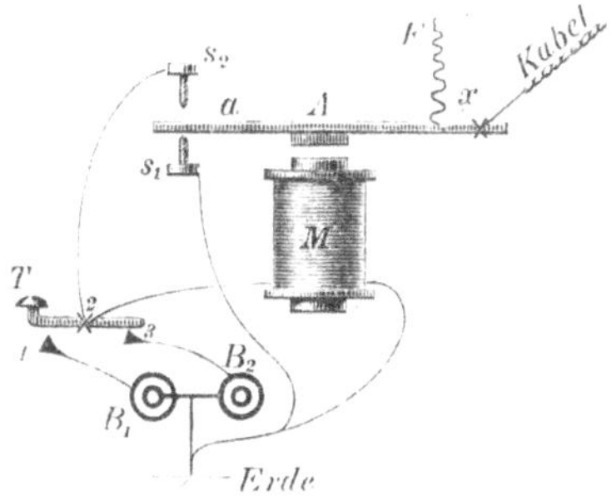

Ruhelage des Tasters die Spulen des Relais, zieht dessen Anker A an und legt den um die Axe x drehbaren Ankerhebel a auf die untere, ebenfalls mit der Erde verbundene Contactschraube s_1; da nun an den um x drehbaren Ankerhebel a zugleich auch das Kabel geführt ist, so kann jetzt ein aus dem Kabel kommender Strom über die Stellschraube s_1 zur Erde gelangen. Beim Niederdrücken des Tasters T kommt derselbe erst zum Schweben; dabei wird B_2 unterbrochen, der Anker A fällt durch die Wirkung einer Spannfeder F ab, und der Ankerhebel a legt sich an die obere mit der Tasteraxe *2* verbundene Stellschraube s_2; legt sich dann endlich der Tasterhebel T auf den Arbeitscontact *1* auf, so wird die Batterie B_1 geschlossen, deren Strom verzweigt sich aber von der Tasteraxe *2* aus, und es geht der eine Zweig über die Contactschraube s_2 und den Ankerhebel a in das Kabel, der andere Zweig durch die Spulen von M. Der letztere Zweigstrom von B_1 durchläuft aber die Spulen in anderer Richtung als vorher der Strom der Batterie B_2; die magnetische Polarität wird also in den Elektromagnetkernen (durch Null hindurch) umgekehrt, und es verfliesst daher eine gewisse Zeit, bevor der Anker *A* angezogen wird und der Ankerhebel *a* sich wieder an die Schraube s_1 anlegt, dabei aber, selbst wenn der Tasterhebel noch auf dem Arbeitscontacte *1* liegt, den Strom von B_1 unterbricht und das Kabel entladend mit der Erde in Verbindung setzt.

Nachdem die Empfangsapparate für Morseschrift besprochen worden sind, müssen auch die **Apparate zur Stromsendung** erwähnt werden. So lange beim Telegraphiren mit irgend einem Telegraphen die Stromsendung der Hand des Telegraphisten überlassen bleibt, wird die Regelmässigkeit und Richtigkeit der Zeichen, sowie die Geschwindigkeit des Telegraphirens von der Geschicklichkeit und Uebung des Manipulanten abhängen, während eine zur Stromsendung geeignete Ma-

Fig. 36.

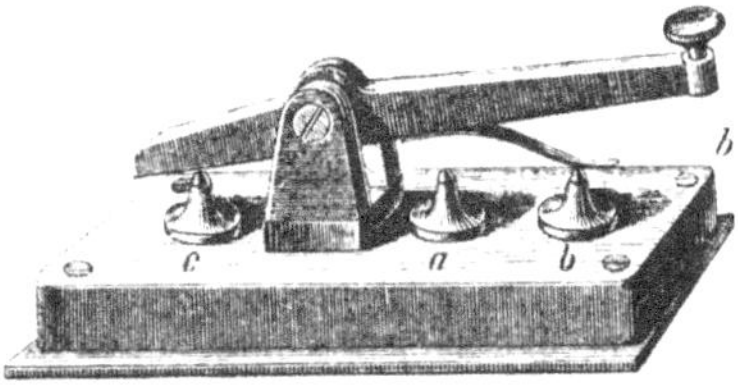

schine gleichmässig und überdiess mit einer Geschwindigkeit arbeiten würde, welche eine möglichste Ausnutzung der Telegraphenleitung gestatten müsste, da ein automatischer Stromsender die Ströme in so rascher Folge der Leitung zuführen könnte, als die letztere sie aufzunehmen vermöchte. Daher wurden denn auch die Zeigertelegraphen meist mit automatischen Zeichengebern versehen. Bei der Morseschrift dagegen überwiegt zur Zeit noch die Handarbeit, und von den dabei verwendeten Morse-Tastern oder Schlüsseln enthielt die historische Abtheilung eine reiche Sammlung, von einem Schlüssel aus dem Jahre 1850 bis herab zu dem seit 1871 gebräuchlichen Taster, darunter namentlich verschiedene neuere und neueste Taster mit Batteriewechsel. Unter den ausgestellten Tastern befand sich auch der in Fig. 36 abgebildete Taster für elektro-elektrische Inductionsströme, welchen Werner Siemens 1855 bei den ersten Versuchen zur Darstellung von Morseschrift mit kurzen Wechselströmen von gleicher Dauer und unter Verwendung polarisirter Relais benutzte; bei diesem Taster wurde die inducirende Spule nebst der Localbatterie zwischen der Tasteraxe und dem

Arbeitscontacte a eingeschaltet, während der in der secundären Spule inducirte Strom einerseits zur Erde, andererseits über die auf dem Contacte b schleifende Feder zur Tasteraxe und in die an diese gelegte Leitung geführt wurde. Vermisst wurde neben diesem Taster der Magnet-Inductions-Schlüssel von Siemens und Halske (1857), dessen Hebel einfach eine Inductionsspule mit **I**-förmigem Eisenkern zwischen den Schenkeln eines Systems von parallelen Stahlmagneten hin und her be-

Fig. 37.

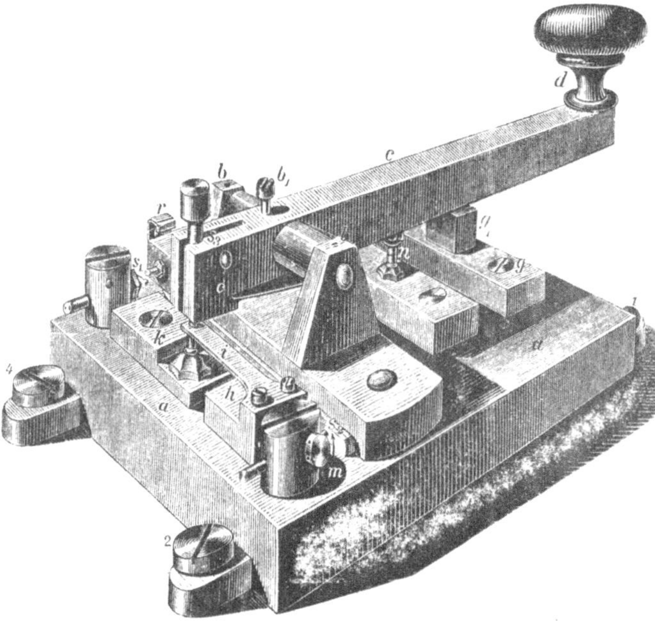

wegte. Ausgestellt dagegen war wieder der 1857 construirte und zuerst auf der Linie Malta-Korfu (1858) und beim Rothen-Meer-Kabel (1859) verwendete Siemens'sche Untersee-Taster oder Submarine-Schlüssel, welcher zugleich als Rückstromentlader dient; der Hebel cd dieses in Fig. 37 abgebildeten Tasters steht in seiner Ruhelage über dem Anschlage g_1 und kann deshalb nicht niedergedrückt werden, eröffnet aber den aus der an Klemme *1* gelegten Leitung nach der Feder i und der Tasteraxe gelangenden Strömen über den Contact s_1 und die Klemme *4* den Weg zum Relais und zur Erde; wird dagegen der Tasterhebel cd mit den seine Axe bb tragenden Ständern um eine verticale

Axe gedreht, so lässt er sich nicht nur auf den Ambos n der Arbeitsbatterie niederdrücken, sondern es drückt zugleich die Metallplatte, welche die Axenständer trägt, mittels zweier isolirter Stifte die an der Platte k sitzende Feder s_2 an den Ambos m der an die Klemme 2 geführten Gegenbatterie; beim schliesslichen Rückgange des Tasterhebels in die Ruhelage streift derselbe entladend an die mit der Erde verbundene Feder r. Ebenso war in der historischen Abtheilung auch der

Fig. 38.

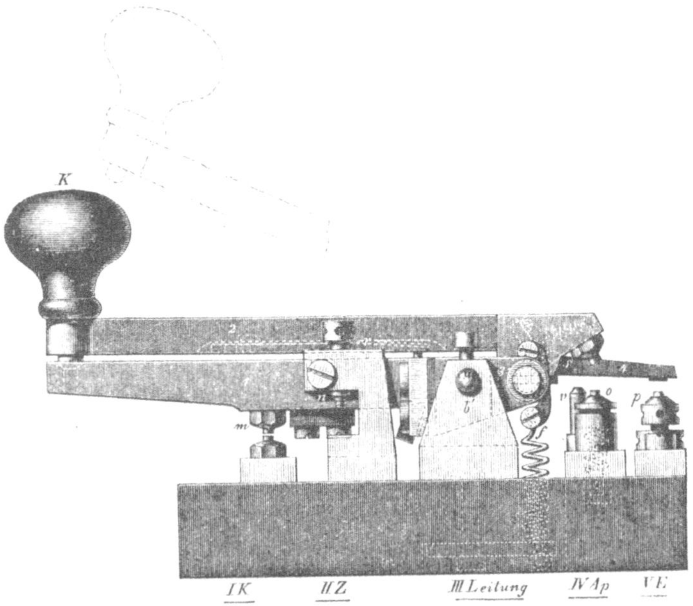

Rückstromentlader für unterseeische Leitungen von Siemens (1857) vorhanden, welcher zugleich mit dem eben besprochenen Submarineschlüssel zuerst im rothen Meere verwendet wurde; die als Schreibapparate dienenden Schwarzschreiber waren nämlich für Translation eingerichtet, und es wurde die Umschaltung dadurch bewirkt, dass durch das Laufwerk der Schwarzschreiber, welche mit Selbstauslösung (wohl der ersten) versehen waren, der mit einer Entladungsvorrichtung ausgerüstete Umschalter eingeschaltet wurde; während des Ganges des Laufwerks waren also beide Batterien (die Arbeits- und die Gegen-Batterie) eingeschaltet, vor dem Stillstande wurden dagegen erst die Batterien ausgeschaltet, dann die Leitung durch Verbindung mit der Erde entladen und schliesslich das Relais eingeschaltet und zwar selbstthätig. Es folgten also an den Translatoren ganz dieselben Vorgänge nach einander, wie beim Submarine-Schlüssel. Der später und zwar zunächst für die Indo-europäische Linie von Siemens entworfene, mit Entladungscontact versehene Wechselstromtaster war in der historischen Abtheilung nicht mit ausgestellt; derselbe war schon deshalb zweckmässiger, als der kurz vorher erwähnte Unterseetaster, weil er den Telegraphisten beim Arbeiten nicht nöthigte, beständig auch einen seitlichen Druck auf den Tasterhebel auszuüben; der Tasterhebel dieses Wechselstromtasters, dessen Aufriss Fig. 38 zeigt, bestand aus zwei nur beim Arbeiten übereinander liegenden Hebeln *1* und *2*, von denen der untere *1* sich zwischen dem + Pole *m* der Arbeitsbatterie und dem — Pole *n* der Gegenbatterie hin und her bewegt, während der obere *2* durch eine Feder *f* auf den nach dem Farbschreiber und der Erde führenden Contact *o* niedergelegt wird; der untere Hebel *1* ist gegen das um die eigentliche Tasteraxe *a*, an welche die Linie geführt wird, drehbare Mittelstück isolirt, der obere dreht sich um eine metallene Axe *3* dieses Mittelstücks und tritt, wenn er nach dem Telegraphiren sich von dem untern Hebel *1* abhebt, durch einen an ihm befindlichen Nebenhebel *4* auf kurze Zeit entladend über *p* mit der Erde in leitende Verbindung.

Eine automatische Stromsendung versuchte Morse schon bei seinen ersten Telegraphen; indem er aus Blechstreifen in der Weise, wie es Fig. 39 erkennen lässt, passende Stückchen oder Typen ausschnitt, aus denselben das Telegramm zusammensetzte und unter einem, bei seinem Heben die Batterie schliessenden Contacthebel hinführte,

Fig. 39.

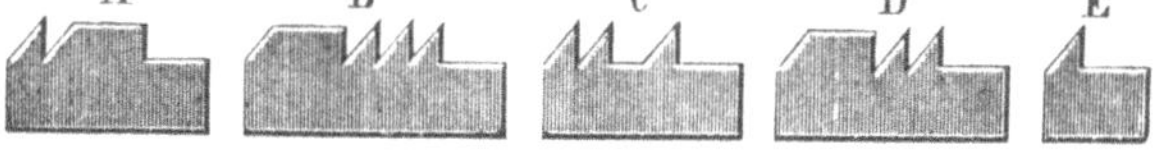

vermochte er, dem Telegramm entsprechend, die zur Bildung der Morseschrift erforderlichen langen und kurzen Ströme in die Linie zu senden; allein dieses Setzen kostete zu viel Zeit und die Elektromagnete folgten der Stromgebung nicht schnell und sicher genug. Daher schnitt Bain (1846) die Morse-Punkte und Striche mit einer Art Zange in einem Papierstreifen aus, der darauf über eine mit dem einen Batterie-Pole verbundene Metallwalze geführt wurde, während eine mit der Leitung verbundene metallene Feder oder Rolle, wie es Fig. 40 zeigt, durch die Löcher hindurchgriff und auf der Empfangsstation elektrochemisch die Morseschrift entstehen liess. 1852 wurde so eine zeitlang zwischen Liverpool und Manchester telegraphirt. Mit mehr Erfolg schon versandte Werner Siemens, die auf seinem 1853 zunächst für die russischen Staats-Telegraphen-Linien construirten (schon auf S. 28 erwähnten) Schnellschreiber oder Relais mit schwingenden Elektromagneten aufzunehmende Schnellschrift ebenfalls automatisch. Dabei wurde jedoch der Streifen, mittels dessen das vorbereitete Telegramm abgesendet werden sollte, auch schon mechanisch gelocht. Der zum Lochen dieser Streifen verwendete Hand-Schriftlocher mit drei Tasten, welche auf zwei Stempel wirken, war zugleich mit dem zugehörigen Zeichengeber selbst, dessen Stahlstift durch die Löcher des Streifens hindurchgreift, in der historischen Abtheilung ausgestellt;

Fig. 40.

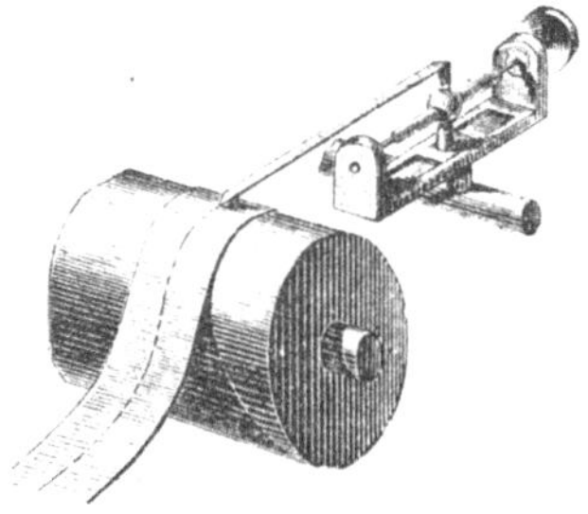

beim Niederdrücken der ersten Taste stiess der erste Stempel ein einzelnes rundes Loch, beim Niederdrücken der zweiten Taste stiessen beide Stempel ein längliches Doppelloch in den Streifen, und in beiden Fällen wurde zugleich der Streifen nach dem Lochen ein entsprechendes Stück unter den Stempeln fortgezogen; die dritte Taste wurde nach Beendigung jedes Buchstabens niedergedrückt, um den Streifen um die Länge des freizulassenden Zwischenraumes zwischen je zwei Buchstaben fortzuschieben. Aehnliche Handlocher mit drei Tasten haben nach Siemens auch Wheatstone und Digney benutzt. Seit 1856 strebten Siemens und Halske, die Aufgabe vollständiger mittels Wechselströmen (elektro-elektrischen Inductionsströmen) und eines permanent polarisirten Elektromagnet-Systems zu lösen und besetzten gegen das Ende des Jahres 1857 die Linie Sardinien-Malta-Korfu mit solchen Apparaten. Die neuesten und vollkommensten, auch auf der 1868 gebauten indischen Linie (und zwar bei Translation mit Wechselströmen) verwendeten Siemens'schen Schnellschreiber für durchlochte Papierstreifen waren in der historischen Abtheilung zur Ausrüstung einer Leitung zusammengestellt. Der bei ihnen zur Vorbereitung der Streifen benutzte

Fig. 41.

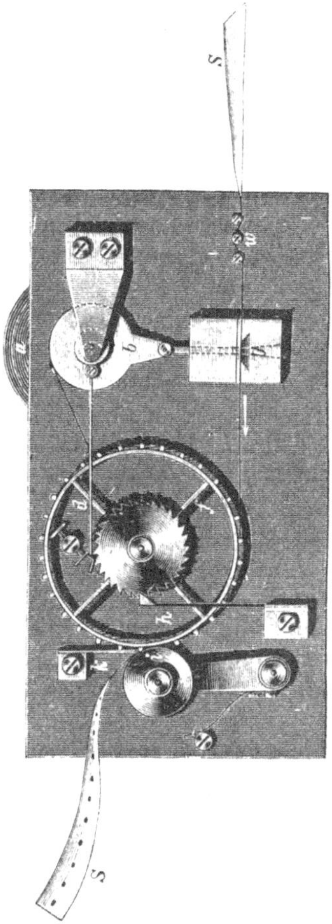

Tastenschriftlocher locht den vorher mittels des Excenters b auf einem besonderen, in Fig. 41 abgebildeten, kleinen Walzwerke nahezu in seiner Mitte mit einer Reihe von Führungslöchern versehenen Streifen S zum Geben mittels Wechselströmen, während an dem andern

Ende der Leitung ein polarisirter Farbschreiber als Empfangs-Apparat aufgestellt wird. Wird dabei nicht mit Batterieströmen, sondern mit Magnet-Inductionsströmen gearbeitet, so lässt der zweckmässig eingerichtete Zeichengeber nur die zur Bildung der zu telegraphirenden Morsezeichen nöthigen Ströme in die Leitung eintreten. Wenn auch schon der Dreitastenlocher das Beschwerliche in der Vorbereitung des Streifens etwas vermindert hatte, so musste auf ihm*) doch immer noch das Telegramm beim Vorbereiten wirklich abtelegraphirt werden, insofern nämlich jedes einzelne Elementarzeichen für sich allein gelocht werden musste; beim Tastenschriftlocher dagegen wird jeder Buchstabe und jedes sonstige Schriftzeichen mit einem einzigen Drucke auf die zugehörige Taste in den Streifen gestanzt und darauf auch noch der Streifen um die Länge des gestanzten Zeichens einschliesslich des hinter demselben nöthigen Zwischenraumes fortbewegt; zu diesem Zwecke hebt jede niedergedrückte Taste ein mit passenden Einschnitten versehenes Blech, welches dann bei Umdrehung eines Excenters nur den zu dem betreffenden Zeichen erforderlichen von den vorhandenen 20 kleinen Stempeln gestattet, vorzutreten und den Streifen zu durchlochen. Beim Rückgange des Excenters wird darauf der Papierstreifen durch den letzten (d. h. von dem Anfange des Zeichens am weitesten entfernten) bewegten Stempel um das gerade nöthige Stück fortbewegt und dadurch für den nächstfolgenden Buchstaben gerade richtig eingestellt. Mittels dieses bahnbrechenden Tastenschriftlochers wurde die Vorbereitung der Telegramme, welche früher eine beschwerliche und zeitraubende Handarbeit und schwieriger als das Telegraphiren mit dem Taster gewesen und durch die Erfindung des Drei-Tasten-Lochers schon einigermassen erleichtert worden war, im höchsten Grade vereinfacht. Der an die Jacquard-Maschine erinnernde Grundgedanke des Tastenschriftlochers hat auch bei den drei neuesten, gleich ausführlicher zu besprechenden, aus der Fabrik von Siemens und Halske hervorgegangenen automatischen Schriftgebern Verwerthung gefunden.

Inzwischen hatte Siemens mit dem ebenfalls ausgestellten, 1862 patentirten Typen-Schnellschreiber auch einen anderen Weg versucht, welcher in Fig. 42 schematisch angedeutet ist; Typen *A*, *B*, *C*, welche ganze Morse-Buchstaben (später blos Striche, Punkte und Zwischenräume) darstellten, wurden nämlich in eine Schiene *SS* eingesetzt und unter einem Contacthebel *HF* hingeführt, welcher die zur

*) Und ebenso auf dem (in Dub, Anwendung des Elektromagnetismus, S. 574 abgebildeten und beschriebenen) einfacheren Hand-Schriftlocher mit blos einer Taste und 3 Stempeln.

Erzeugung der Schrift auf einem polarisirten Schwarzschreiber nöthigen Wechselströme (anfangs von Inductor *J* gelieferte Magnet-Inductionsströme, später galvanische Ströme) in dem Drahte *E* zur Erde *T*, in dem Drahte *E'* in die Leitung *L* sendete; die Schraube ohne Ende *R*, welche die Schiene *SS* fortbewegte, war auf die nämliche Axe *ww* mit der Inductorspule aufgesteckt. Die von Siemens dazu construirte Typensetz- und Typenableg-Maschine war leider in Wien nicht mit ausgestellt. Noch mehr zu bedauern ist, dass Wheatstone seinen 1858 patentirten, ebenfalls den durchlochten Streifen benützenden automatischen Apparat*) nebst sinnreichem Zeichengeber für Wechsel-

Fig. 42.

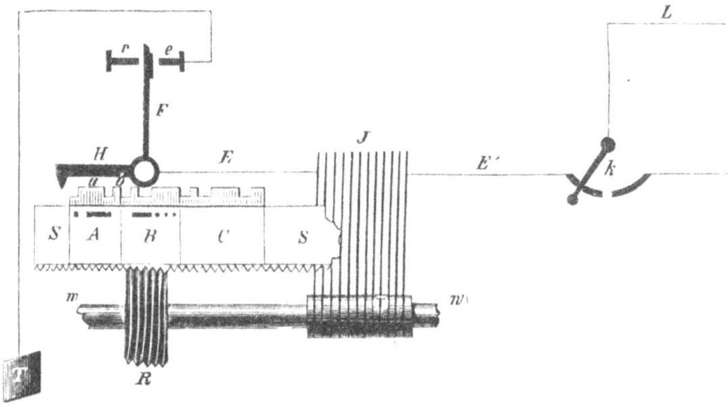

ströme und namentlich in dessen neuester Einrichtung für Compensationsströme nicht in Wien ausgestellt hatte.**)

Die drei neuesten automatischen Schnellschriftgeber enthielt die Ausstellung von Siemens und Halske; alle drei machen die Vorbereitung des Telegramms in einem vom Stromsender abzutelegraphirenden gelochten Papierstreifen oder durch Zusammensetzung desselben aus einzelnen Typen ganz überflüssig und verbinden den eine Claviatur enthaltenden Vorbereitungsapparat auf's Engste mit dem eigentlichen Schrift-

*) Dieser Apparat ist in Dub, Anwendung des Elektromagnetismus, S. 579 ff., ausführlich beschrieben und abgebildet.

**) Gaspare Sacco's automatischer Zeichengeber für Telegraphenlinien, auf denen unter Benutzung des Morse'schen Alphabets in seiner Uebertragung auf Nadeltelegraphen gearbeitet wird, war wie 1871 in Mailand so auch in Wien ausgestellt. Er enthält eine Claviatur mit 28 Tasten und ist als der jüngste Vorschlag zum Telegraphiren der Morsezeichen mittels einer Claviatur zu erwähnen. Vgl. Polytechnisches Centralblatt, 1871, S. 1459.

geber, ohne dass jedoch der gebende Theil des Apparates irgendwie von dem vorbereitenden abhängig wäre. Bei allen drei Apparaten wird durch jeden Tastendruck genau so und auch in ganz ähnlicher Weise wie bei dem kurz vorher erwähnten Tastenschriftlocher ein ganzer Buchstabe nebst dem hinter ihm erforderlichen Zwischenraum vorbereitet und zwar durch Verschiebung von Stiften, bei dem einen in einer endlosen Kette, bei den beiden andern am Rande einer Büchse oder Dose. Der Telegraphist kann zwischen dem Greifen der einzelnen Tasten längere oder kürzere Zeit verstreichen lassen, ohne Rücksicht auf die Länge der einzelnen telegraphischen Zeichen; denn der Apparat bereitet jedes Zeichen in der nämlichen Zeit vor und lässt auch den vorgeschriebenen Zwischenraum zwischen den einzelnen Zeichen in stets gleicher Grösse erscheinen, während die grössern Zwischenräume am Ende eines Wortes durch Niederdrücken einer besondern „weissen" Taste erzeugt werden. Der Telegraphist kann ferner eine gewisse Anzahl von Tasten in Vorrath niederdrücken, welche der Apparat dann nach und nach abtelegraphirt, nur darf die mittlere Geschwindigkeit, mit welcher die Tasten gegriffen werden, die Telegraphir-Geschwindigkeit nicht überschreiten, auf welche der Apparat eben eingestellt ist. Den ersten dieser drei automatischen Stromsender, den Kettenschnellschriftgeber, entwarf Werner Siemens für Steinheilschrift, dagegen liefert der Dosenschriftgeber Morseschrift; der Schnelldrucker (von Siemens, 1873) endlich, welcher erst Anfang August auf der Wiener Ausstellung erschien, druckt das Telegramm in Typenschrift, wie dies bereits auf S. 25 erwähnt wurde.

Den Dosenschnellschriftgeber hat von Hefner-Alteneck 1872 entworfen. Die Tastatur desselben enthält 49 Tasten in 7 treppenförmig über einander liegenden Reihen, und zwar sind die Buchstaben auf die Tasten so vertheilt, dass bei ungezwungener Lage der beiden Hände die am häufigsten vorkommenden Buchstaben am bequemsten zu greifen sind. Der ganze in Fig. 43 perspectivisch dargestellte Apparat (ohne Lesepult) ist nur 21 cm. breit, 33 cm. lang und 29 cm. hoch, die Tastatur etwa 20 cm. lang und breit. Er lässt sich ebensowohl für gleichgerichtete Ströme, wie für Wechselströme, mit oder ohne Entladung der Leitung zur Erde, einrichten, je nachdem die Beschaffenheit der Linie, für welche er bestimmt ist, das Eine oder das Andere wünschen lässt. Im erstern Falle ist als Empfangsapparat ein guter Farbschreiber verwendbar und könnte der Dosenschriftgeber in einer damit besetzten Linie ohne Weiteres an Stelle des Morsetasters eingeschaltet werden.

Fig. 43.

Den Hauptheil des Apparates bildet eine auf eine horizontale Axe aufgesteckte cylindrische Dose *D*; diese ist, wie der Durchschnitt Fig. 44 sehen lässt, an ihrem ganzen Umfange mit dicht neben einander

Fig. 44.

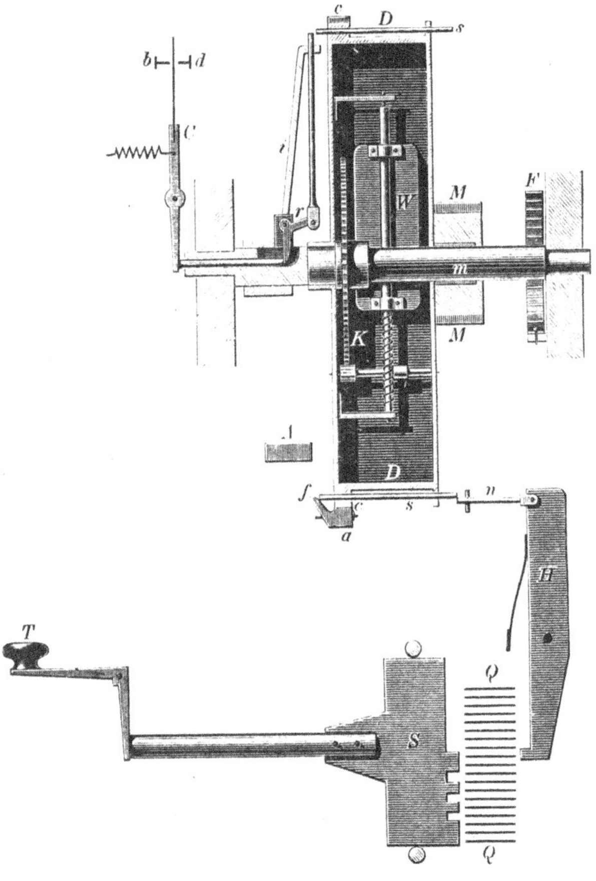

liegenden Stiften besetzt, welche sich mit einiger Reibung in ihrer Längsrichtung, d. h. parallel zur Dosenaxe *m* ein wenig verschieben lassen. Aus diesen Stiften werden die zu der automatischen Beförderung nöthigen Typen dadurch gebildet, dass eine bestimmte Anzahl derselben und in der entsprechenden Weise gruppirt beim Niederdrücken irgend einer Taste T verschoben werden; beim Telegraphiren mit gleichgerichteten Strömen (wofür der ausgestellte Schriftgeber bestimmt war) stehen dann die Stifte auf einer und derselben Seite der Dose vor, und zwar liefert 1 verschobener Stift (zwischen 2 nicht verschobenen) einen Morsepunkt, 3 verschobene (zwischen 2 nicht verschobenen) einen Morsestrich; die unverschobenen dagegen geben die Zwischenräume zwischen den einzelnen Punkten und Strichen und den ganzen Buchstaben oder Worten; so sind z. B. die einzelnen Punkte oder Striche durch je einem Stifte entsprechende Zwischenräume von einander getrennt. Das Vorstossen der Stifte besorgen 19 Stösser n, welche mit den Tasten nach der zuerst von Siemens bei seinem Tastenschriftlocher zum Vorlochen der Papierstreifen benutzten Weise verbunden sind. Es steht nämlich jede der Tasten mit je einem von 49 verticalen, dicht nebeneinander stehenden Blechstreifen S der Art in Verbindung, dass letzterer beim Niederdrücken der Taste, mit der einen verticalen Kante voran, ein Stück vorgeschoben wird. Quer vor den vorangehenden Kanten dieser 49 Blechstreifen liegen 19 dünne horizontale Bleche QQ übereinander, deren jedes, wenn es von einem der verticalen Bleche vorwärts geschoben wird, auf den einen Arm eines verticalen Hebels H wirkt, dessen zweiter Arm dann mittels des an ihm befestigten Stössers n den gerade vor diesem Stösser liegenden Stift s der Dose D ein Stück aus dieser heraustreten macht. Damit nun die verticalen Bleche S nicht stets alle horizontalen QQ vorwärtsschieben, sind in den ersteren an der den letzteren zugewandten Kante verschieden lange und verschieden vertheilte Lücken eingefeilt, so dass nur die zwischen den Lücken stehen gebliebenen Zähne gerade diejenigen horizontalen Bleche QQ treffen und vorwärtsschieben, deren Verschiebung zur Bildung des auf der eben niedergedrückten Taste T geschriebenen Schriftzeichens erforderlich ist.

Beim Vorstossen der Stifte s trifft ferner der erste derselben gegen die geneigte Fläche f eines kleinen Sperrkegels a, welcher sich in seiner Ruhelage in einen an der Dose befestigten Zahnkranz mit schrägen Zähnen einlegt und so die Dose hindert, sich, dem Zuge eines durch ein Räderwerk auf die Dose wirkenden Gewichtes (oder einer Feder) folgend, umzudrehen; wenn dagegen ein vortretender Stift den Sperrkegel aus den Zähnen des Zahnkranzes cc aushebt, so wird die Dose frei, dreht sich sprungweise gerade um die Länge des eben mittels der Stifte vorbereiteten Schriftzeichens nebst dem hinter demselben nöthigen Zwischenraume und bringt dadurch zugleich wieder frische, noch unverschobene Stifte vor die Stösser. Zu diesem Zwecke ist die erwähnte geneigte Fläche *f* des Sperrkegels etwas breiter, als die innerhalb eines Schriftzeichens vorkommenden, an der Dose durch nicht verschobene Stifte wiedergegebenen Zwischenräume; der Sperrkegel kann daher der Wirkung der ihn gegen den Zahnkranz drückenden kleinen Feder nicht früher nachgeben und sich wieder in die Zähne einlegen, als bis sämmtliche verschobene Stifte, d. h. das ganze eben vorbereitete Schriftzeichen an seiner geneigten Fläche vorübergegangen sind. Eine weitere Verbreiterung dieser Fläche sorgt endlich noch für die Zugabe des vorgeschriebenen Zwischenraums hinter dem Schriftzeichen. Hält der Telegraphist die Taste *T* niedergedrückt, so hindern die zur Verschiebung der Stifte *s* in die Dose *D* hineingetretenen Stössern die Umdrehung der Dose doch nicht, weil sie etwas beweglich gemacht und an ihrem vordern Ende so geführt sind, dass sie schräg seitlich etwas ausweichen können.

Beim Niederdrücken der „weissen" Taste, welche, da sie blos einen Zwischenraum erzeugen soll, keine Stifte verschieben darf, wird die Drehung der Dose auf andere, rein mechanische Weise durch die Taste hervorgebracht.

Zum Abtelegraphiren der vorbereiteten Schriftzeichen dient ein zwischen zwei Contactschrauben *b* und *d* hin- und hergehender, dem gewöhnlichen Morse-Taster ganz entsprechender zweiarmiger Contacthebel *C*, welcher durch eine Spannfeder mit dem einen, federnden Arme an die Ruhecontactschraube *b* herangedrückt wird. Zu diesem Zwecke läuft vor der Dose an der Seite derselben, auf welcher die Stifte vorstehen, ein Arm oder Zeiger *i* um, welcher mit seiner nachgiebig gemachten, schräg abgestumpften Spitze die verschobenen Stifte an ihrer nach innen liegenden Rundung überstreicht, dabei in radialer Richtung hin- und hergeht und diese Schwingungen auf einen kleinen (in der auf ein und dieselbe Axe mit der Dose aufgesteckten Nabe des Zeigers befestigten) Winkelhebel *r* überträgt, welcher seinerseits durch einen in der hohlen Zeiger- und Dosenaxe liegenden Stift auf den vor dem Ende dieser Axe liegenden Arm des Contacthebels *C* wirkt und letzteren zwischen der Ruhe- und Arbeitscontactschraube hin- und herbewegt. Jeder einzelne vorgeschobene Stift lässt also einen kurzen, je drei hintereinander liegende Stifte lassen *C* einen langen Strom in die Leitung senden; durch ersteren schreibt der Empfangsapparat einen Punkt, durch letzteren einen Strich.

Dazu ist aber noch nöthig, dass der Zeiger *i* über die Stiftenreihe, welche sich ja beim Niederdrücken der Tasten selbst sprungweise bewegt, mit relativ gleicher Geschwindigkeit hinläuft. Deshalb ist die

Dose *D* nebst dem an ihr befestigten, sie treibenden Rade *M* nur lose auf ihre im Gestell gelagerte Axe *m* aufgesteckt, während der Zeiger, ein innerhalb der Dose gelegenes Zahnrad *K* (welches durch mehrere in den Seitenwänden der Dose gelagerte Räder und Triebe mit einem ebenfalls fest an der Dose gelagerten verstellbaren Windflügel *W* in Eingriff steht) und das eine Ende einer genügend gespannten Feder *F* fest mit der Axe *m* verbunden sind. In der Ruhelage hält diese Feder *F*, deren anderes Ende am Gestell befestigt ist, den Zeiger *i* gegen einen Anschlag *A* fest, welcher dicht hinter der Stelle liegt, wo die Verschiebung der Stifte durch die Tasten *T* bewirkt wird. Die sprungweise Drehung der Dose *D* entfernt den Zeiger *i* von diesem Anschlage und spannt so die Feder *F*, welche dann in verhältnissmässig langsamer, gleichförmiger Bewegung den Zeiger an den vorgeschobenen Stiften vorbei gegen den Anschlag *A* zurückführt, wobei sie durch jenes auf der Axe *m* festsitzende Zahnrad *K* den Windflügel *W* in Umdrehung versetzt; die Geschwindigkeit der Zurückführung wird durch die Stellung des Windflügels *W* bedingt und regulirt. Kurz bevor die verschobenen Stifte der Dose bei deren fortgesetzter sprungweiser Drehung wieder an die Stelle kommen, wo sie den Stössern gegenüberstehen, streifen sie an eine schräge Fläche des Gestells an und werden durch diese in ihre Ruhelage zurückgeführt. Ist der durch ein sehr rasches Greifen der Tasten erzielte Vorrath an vorbereiteten Schriftzeichen so gross, dass er fast die ganze Dose erfüllt und der Zeiger sich der zuletzt erwähnten schrägen Fläche nähert, so mahnt eine ertönende Warnglocke den Telegraphist daran, eine Pause im Greifen zu machen.

Ein geübter Telegraphist wird leicht 5 Tasten in der Secunde greifen können; diess gäbe bei entsprechender Einstellung des gebenden Apparates und unter Einrechnung der erforderlichen Zwischenräume 300 Zeichen in 1 Minute. Wären nun zur vollständigen Erledigung eines Telegramms durchschnittlich 200 Buchstaben (33 Worte) auf der Leitung hin und her zu befördern, so könnte man in der Stunde 90 Telegramme befördern, d. h. etwa das Doppelte der mittleren Leistung des Telegraphen von Hughes. Als grösste, mittels automatischer Telegraphen erreichte Geschwindigkeit nennt man 14 Alphabete in der Secunde. Zu Anfange dieses Jahres war der Dosenschriftgeber auf der Linie Berlin-Breslau in Thätigkeit; er arbeitete ganz befriedigend und blieb in seiner Leistung hinter dem Hughes nicht zurück.

Der etwas früher als der Dosenschriftgeber entstandene Kettenschnellschriftgeber enthält anstatt der Dose eine Gliederkette ohne Ende mit 180 Gliedern von 2,5$^{mm.}$ Länge und in jedem derselben einen metallenen Stift, welcher sich seiner Länge nach in dem Gliede mit einiger Reibung nach links oder rechts verschieben lässt, weil der Kettenschriftgeber zur Erzeugung von Punkten in 2 Zeilen (Steinheil-scher Schrift) bestimmt ist. Die Verschiebung der Stifte wird übrigens beim Niederdrücken der Tasten in ganz ähnlicher Weise durch eine Art von Scheeren bewirkt und natürlich sind 2 Contacthebel vorhanden, von denen der eine durch die rechts vorstehenden Stifte positive, der andere durch die links vorstehenden Stifte negative Ströme in die Leitung sendet. Diese Ströme von verschiedener Richtung schreiben in einem polarisirten Doppelschreiber die Zeichen des Steinheil'schen Alphabetes. Die Vorbereitung der abzutelegraphirenden Schriftzeichen erfolgt an einer Stelle, wo die Kette über ein Rad läuft, das Abtelegraphiren an einer andern Stelle, wo die Kette über ein zweites, mit einem Windflügel verbundenes Rad läuft; gleich hinter dieser Stelle werden die abtelegraphirten Stifte durch 2 an den beiden Seiten der Kette anstreifende Rollen wieder in ihre Ruhelage zurückversetzt. Dieser Kettenschriftgeber wird weder durch ein Gewicht, noch durch eine Feder getrieben, sondern es wird beim Niederdrücken einer Taste zugleich der erforderliche Anstoss zur Bewegung gegeben.

Der Schnelldrucker ist ein Typendrucktelegraph; die Einrichtung seines Zeichengebers ähnelt der des Dosenschriftgebers und ist mit Hilfe von Fig. 45 leicht zu verstehen. Das auf der Claviatur abgespielte Telegramm wird dabei auf einer Dose *D* mittels der durch die Hebel H_1 oder H_2 und H_3 links oder rechts aus derselben hervorgestossenen Stifte *s* vorbereitet und dann mittels der Arme i_1 und i_2 und der Contacthebel C_1 und C_2 automatisch abtelegraphirt. Die übrigen Theile sind in Fig. 45 mit denselben Buchstaben bezeichnet, wie in Fig. 44. Das Einstellen des Typenrades wird durch positive und negative Ströme von gleicher Länge bewirkt, von denen die einen durch die rechts aus der Dose vorstehenden, die anderen durch die links vorstehenden Stifte in die Leitung gesandt werden. Dabei ist aber ein doppeltes Echappement an dem Typenrade angebracht, und zwar dreht das durch die Ströme der einen Richtung bewegte Echappement das Typenrad sprungweise um je vier Buchstaben auf einmal fort, das durch die entgegengesetzt gerichteten Ströme bewegte Echappement dagegen lässt es nur Schritte von je einem Buchstaben machen. Da nun die Ziffern und sonstigen Zeichen gar nicht mit in die Claviatur und auf das Typenrad aufgenommen worden sind, sondern durch Buchstaben ausgedrückt werden sollen, welche in ein im Voraus bestimmtes Zeichen eingeschlossen werden, so ist es möglich geworden, das Typenrad durch höchstens 8 Ströme auf jedes Schriftzeichen einzustellen. Dabei musste aber das 27. Feld des Typenrades leer bleiben, weil in

Fig. 45.

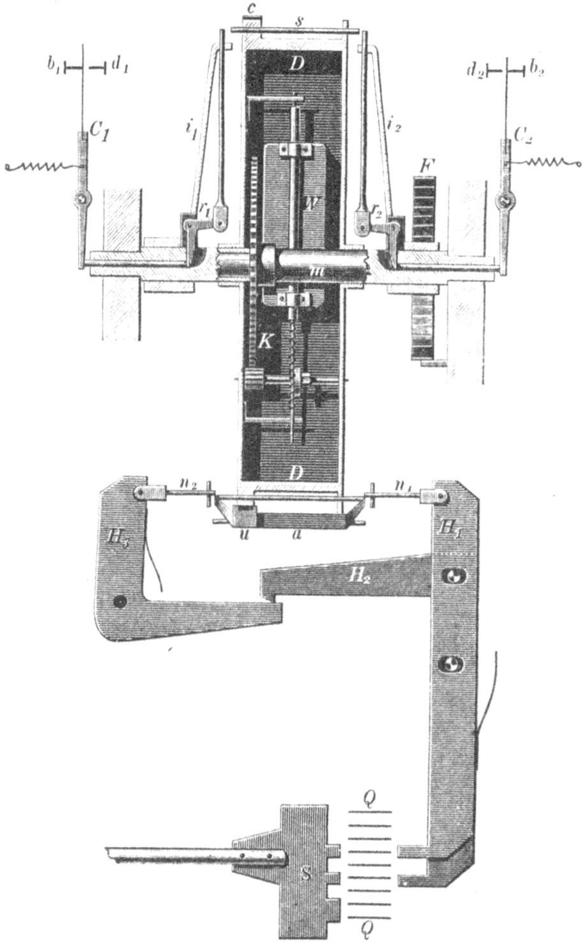

der gewählten Weise 27 Schritte durch 8 Ströme nicht gemacht werden können, sondern erst durch 9 (6 Schritte zu je 4 und 3 Schritte zu 1 Buchstaben). Es bleiben demnach 31 Felder des Typenrades zum Geben von 29 Buchstaben und Zeichen verfügbar, weil das 30. Feld für das Einschlusszeichen der Ziffern und das 31. Feld für den durch die weisse Taste zu telegraphirenden Zwischenraum aufgespart werden muss. Dadurch, dass das Typenrad nach jedem Abdruck auf den Ausgangs- oder Nullpunkt zurückgeführt wird, ist zugleich verhütet, dass durch ein sich einschleichendes falsches Zeichen die noch nachfolgenden ebenfalls falsch gemacht werden. Die Leistungsfähigkeit dieses Schnelldruckers ist eine bedeutende, weil bei zweckmässiger Wahl der Punktgruppen für die Buchstaben im Durchschnitt zur Einstellung des Typenrades nur 3 bis 4 kurze Ströme erforderlich sind*) und das Drucken und die Zurückführung des Typenrades auf den Nullpunkt fast augenblicklich erfolgt.

An Relais und Taster schliessen sich die **Translatoren** an, welche, beiden nahe verwandt, sich von ihnen wesentlich dadurch unterscheiden, dass sie für Ströme, welche von beiden Seiten einer Telegraphenlinie in der Translationsstation ankommen, empfänglich und dieselben jedesmal nach der entgegengesetzten Seite hin fortzugeben befähigt sein sollen. Ausser den bereits auf S. 24, 28 und 37 gelegentlich erwähnten Translatoren für den Hughes'schen Typendrucktelegraphen, dem Ruhestromtranslator von C. Frischen und dem Siemens'schen Translationsrelais für Wechselströme führte die historische Ausstellung nur noch einige andere neuere Apparatzusammenstellungen für Translation bei Arbeitsstrom und bei Ruhestrom vor, namentlich auch eine solche für den Telegraphen von Jaite. Dabei mag darauf hingewiesen werden, dass die Translation fast nur in Deutschland und da, wohin von Deutschland aus Telegraphenapparate geliefert wurden, benutzt wird, und dass den Deutschen auch das Verdienst der Erfindung und Ausbildung der Translation nicht wohl wird abgesprochen werden können. Denn wenn auch Morse schon 1836 einen in seinem ersten Patente beschriebenen Translator (combined circuits) vorgeschlagen hat, so ge-

*) Unter den Typendrucktelegraphen ist mir keiner bekannt, der mit ebenso wenig Strömen die Einstellung bewerkstelligt; für den Hughes'schen rechnet man bei einem im Fingersatz geübten Telegraphist im Mittel 17 bis 18 Schritte zur Einstellung. Noch weniger Ströme zwar (nämlich höchstens 4), aber nicht weniger Schritte braucht Régnard zur Einstellung des Zeigers an seinen Zeigertelegraph (vergl. *Du Moncel, exposé des applic. de l'électr. II*, S. 77), dessen Zeiger über die in 7 Reihen angeordneten 25 Buchstaben des Zifferblattes mittels zweier, von 2 durch Elektromagnete beeinflussten Uhrwerken bewegter Kurbeln durch positive Ströme in verticaler, durch negative in horizontaler Richtung verschoben wird, und zwar um einen Schritt bei der Stromgebung und einen Schritt bei der Stromunterbrechung. Eine ungerade Schrittzahl in der einen oder andern Richtung kann dabei nur durch eine längere Dauer des letzten Stromes erzielt werden, also nicht in beiden Richtungen zugleich ausgeführt werden. Ein drittes Uhrwerk führt den Zeiger schliesslich nach jedem Zeichen wieder in die Ruhelage zurück.

stattete dieser Apparat doch nur ein Uebertragen nach der einen Richtung der Telegraphenlinie. Die Amerikaner nehmen daher die Erfindung der Translatoren für Ezra Cornell aus Neuyork in Anspruch, welcher seinen „connector“ oder „switch“ 1846 auf der Linie Neuyork-Buffalo angewendet haben soll, während Oberst John J. Speed seinen Ruhestrom-Translator noch später angab. In Deutschland dagegen hat Fardely schon 1844 bei seinem Typendrucktelegraphen die Translation zwar wohl kaum angewendet, aber doch wenigstens die Idee dazu angeregt, worauf Siemens 1847 seinem Zeigertelegraph mit Selbstunterbrechung den „Zwischenträger“ hinzufügte, welcher auf der Translationsstation an Stelle der beiden daselbst befindlichen Zeigerapparate eingeschaltet wurde und ein vollständiger, selbstthätiger Translator war. Als ferner Siemens und Halske im Frühjahr 1849 den Auftrag erhielten, die von dem Amerikaner Robinson nach Deutschland gebrachten Morse'schen Schreibtelegraphen nachzubauen, richteten sie dieselben sofort für Translation mittels eines einzigen gewöhnlichen Relais ein, jedoch mit Weglassung des selbstthätigen Ruhecontacts; letzterer wurde an eine Doppelkurbel verlegt, welche bei jedem Wechsel in der Sprechrichtung mit der Hand umgelegt werden musste. Solche Translatoren wurden noch im Sommer 1849 in Minden und Breslau aufgestellt und 1850 für die Linie Oderberg-Wien nach Oesterreich geliefert, wo Engelbert Matzenauer die von ihm 1847 erdachten Translatoren für die Bain'schen Nadeltelegraphen im December 1850 auf der Linie Neuhäusel-Pressburg aufstellte. Den von Siemens und Halske ausgeführten Morse-Translator verbesserte Steinheil, welcher 1849 den Zwischenträger in der Fabrik von Siemens und Halske mit grossem Interesse studirt hatte, 1851 durch Verlegung des Ruhecontacts aus dem Kurbelumschalter an den Hebel des Schreibapparats, wodurch der Morse-Translator dem Zwischenträger ähnlich und selbstthätig wurde. Siemens und Halske vervollkommneten endlich 1850 die Translatoren noch dadurch, dass sie den Schreibhebel an der dem Linien-Batterie-Contacte zugewandten Seite mit einer Contactfeder ausrüsteten, um die sonst bei der Translation auftretende Verkürzung der Stromdauer vollständig zu beseitigen.

Unter Verweisung auf die ausführlichere Besprechung des mit Selbstunterbrechung arbeitenden Zeigertelegraphen von Siemens auf S. 16 mag auch der historisch interessante Zwischenträger, obwohl er wegen der Bevorzugung, welche kurz nach seiner Erfindung dem Morsetelegraphen auf langen Telegraphenlinien vor dem Zeigertelegraphen zu Theil ward, in die eigentliche Praxis nicht gekommen ist, doch eine eingehendere Erwähnung finden, um so mehr, als er durch seine erste Thätigkeit, vom 15. bis 18. März 1848, wesentlich dazu beitrug, dass bei der damals vom preussischen Handelsministerium für Lieferung der besten Sprechapparate ausgeschriebenen Concurrenz die Siemens'schen Zeigertelegraphen mit Selbstunterbrechung den Sieg davon trugen. Wie Fig. 46 ersichtlich macht, wurden die beiden Leitungen L_1 und L_2 mit den Umwindungen zweier Elektromagnete M_1 und M_2 verbunden, deren andere Enden durch die Drähte k_2 und k_1 mit den Contactschrauben b_2 und b_1 in Verbindung standen. Zwischen diesen beiden Contactschrauben konnten sich die Lappen c_1 und c_2 des metallenen gabelförmigen Schiebers S hin und her bewegen, auf welche der Anker A_1 oder A_2 der Elektromagnete M_1 und M_2 wirkte, sobald derselbe von seinem Elektromagnete angezogen wurde. Für gewöhnlich hielten die

Fig. 46.

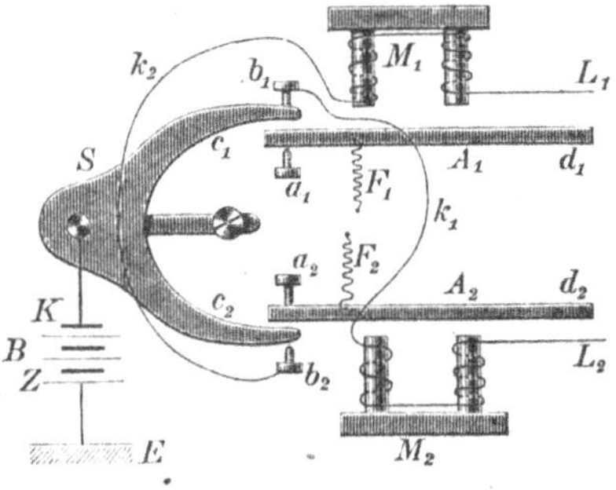

Spannfedern F_1 und F_2 die um d_1 und d_2 drehbaren Anker A_1 und A_2 auf den Stellschrauben a_1 und a_2 fest. In der in Fig. 46 gezeichneten augenblicklichen Stellung nun sendet die Batterie B ihren Strom über b_1 durch M_2 in die Leitung L_2; in Folge dessen wird aber auch der Anker A_2 angezogen, erfasst schliesslich den Lappen c_2, unterbricht den in L_2 gesandten Strom (welcher auf der am Ende von L_2 gelegenen Station den Zeiger um einen Schritt vorwärts gehen liess) bei b_1, stellt dafür aber den Stromschluss bei b_2 her, so dass nun der Strom der Batterie B in die Linie L_1 eintritt und in der am Ende von L_1 gelegenen Station den Zeiger ebenfalls einen Schritt machen lässt. Wird endlich der Zeiger z. B. am Ende von L_2 festgehalten, so bleibt in dieser Station die Leitung unterbrochen; deshalb bleibt dann auch der Schieber S an b_1 liegen, bis die Station am Ende von L_2 ihren Zeiger wieder los lässt, worauf das Spiel des Schiebers S von neuem beginnt. Dieser Zwischenträger ist insofern mit einem Mangel behaftet, als bei ihm stets diejenige Station die Correspondenz wieder beginnen muss, welche vorher dieselbe unterbrochen hatte.

An die zahlreichen Versuche, dieselbe Telegraphenleitung zur gleichzeitigen Beförderung mehrerer Telegramme (telegraphisches **Doppel-** und **Gegensprechen**) zu benützen, erinnerten in der historischen Abtheilung nur das Relais mit doppelten Umwindungen und schwingendem Magnet zum Gegensprecher von Frischen und Siemens (1854 in Preussen patentirt) und ein Relais mit doppelten Umwindungen von Borggreve (1862). In dieser Beziehung war also die historische Abtheilung sehr lückenhaft, da gerade die ersten und die meisten hieher gehörigen Vorschläge von Deutschen gemacht wurden; es ist diese Lückenhaftigkeit um so mehr zu bedauern, weil so eine günstige Gelegenheit unbenützt vorübergegangen ist, ganz augenfällig darzuthun, in wie geringen und wie wenig wesentlichen Stücken sich die in neuester Zeit in England und Amerika aufgetauchten und mit so viel Lobeserhebungen überschütteten Methoden des Gegensprechens (Duplextelegraphie) von den fast 20 Jahre alten deutschen Einschaltungen zum Gegensprechen unterscheiden.*) Leider waren auch diese neueren Methoden in Wien nicht ausgestellt; dagegen hatte Franz Kozmata in Pest seinen Gegensprecher**) von 1869 zur Schau gestellt. Ebenso hatte Bernhard Meyer in Paris seinen mehrfachen Telegraphen ausgestellt

*) Ich habe diese neueren Gegensprecher von Vaes, Stearns, Preece und Winter kürzlich im Journal Télégraphique (Bd. II, No. 29 und 30) und in Dingler's polytechn. Journal (1874, S. 111 ff.) einer eingehenden Besprechung unterzogen und die Richtigkeit des oben ausgesprochenen Urtheils dargethan. Dass die neuesten Versuche mit dem Gegensprecher besser gelingen, als die früheren, dürfte wesentlich in der inzwischen eingetretenen merklichen Verbesserung des Linienbaues und in der grösseren dienstlichen Befähigung und Uebung der jetzigen Beamten begründet sein, während die dermalige Ueberhäufung der Telegraphenleitungen mit Telegrammen viel mehr zu einer möglichst vollkommenen Ausnutzung der Linien drängt, wie vor 20 Jahren.

**) Nach der mir über diesen Gegensprecher gewordenen Auskunft gleicht auch bei ihm das Relais ganz dem Relais des Gegensprechers von Frischen-Siemens mit doppelter Umwickelung der Kerne, und zwar haben die beiden Umwickelungen entweder gleich oder ungleich viel Windungen. Zu grösserer Bequemlichkeit werden auf jeder Station 2 Taster aufgestellt, der eine für den gebenden Telegraphisten, der andere zu gelegentlichem Gebrauch für den empfangenden. Die Batterien der beiden Stationen führt Kozmata lieber mit entgegengesetzten als mit gleichnamigen Polen an den Arbeitscontact der Taster. Als Ausgleichungswiderstand benutzt Kozmata einen Flüssigkeitsrheostat, dessen U-förmige Röhre mit concentrirter Citronensäure gefüllt ist und in ihren nach oben offenen Schenkeln je einen der von einem Ebonitstück herabreichenden, in den Kreis des lokalen Zweigstroms eingeschalteten beiden Platindrähte aufnimmt. Beim Arbeiten auf der Linie Pest-Temesvar beförderte dieser Gegensprecher 20 bis 24 einfache Telegramme in der Stunde, wobei immer je 10 Stück nach einander gegeben und dann erst die zugehörigen Phrasen ausgetauscht und Correcturen bewirkt wurden.

und zu einer praktischen Prüfung auf einem von der französischen Abtheilung des Ausstellungspalastes nach dem Gebäude der Staatstele-

Fig. 47.

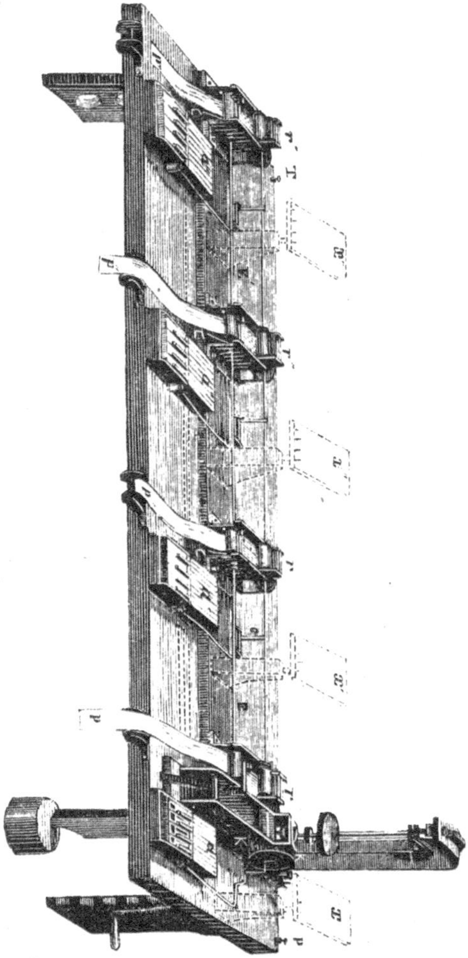

graphen gespannten Drahte, in welchen wiederholt noch eine Leitung von Wien nach Linz und zurück eingeschaltet wurde, hergegeben; dieser Telegraph ist offenbar der zweckmässigste und vollkommenste unter allen jenen Apparaten*), welche (zuerst in einem am 3. Februar des Jahres 1851 dem Patentagenten A. V. Newton ertheilten englischen Patente) dazu vorgeschlagen wurden, um auf derselben Leitung mehrere Telegramme, mit einander abwechselnd, stückweise zu befördern. Ein anderer Versuch zur Lösung derselben Aufgabe in einer noch allgemeineren Fassung wurde von A. Bauer in Wien gemacht, dessen leider nicht ganz vollendeter und keineswegs einfacher und durchsichtiger Illimit-Apparat in dem Pavillon für Welthandel zu sehen war. Freilich erfordert sowohl der Bauer'sche wie der Meyer'sche Telegraph Synchronismus zwischen den zwei Apparaten der gebenden und der empfangenden Station.

Fig. 48.

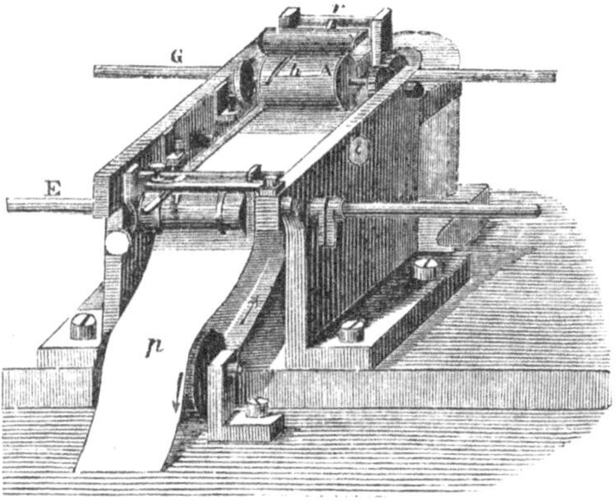

Der vierfache Telegraph von Meyer, welchen die Oesterreichische Staatstelegraphenverwaltung in Folge der günstigen Ergebnisse der schon erwähnten Probe einer ernsteren einjährigen Probe zu unterwerfen im Begriff steht, enthält in der aus Fig. 47 ersichtlichen Anordnung vier Empfangsapparate r, r', r'' und r''' und die zugehörigen Zeichengeber a, a', a'' und a''' nebeneinander, und es werden diese Apparate in regelmässiger Abwechselung der Reihe nach einerseits mit der Linie und andererseits mit der Erde verbunden. Diese Empfangsapparate, deren einer in Fig. 48 in grösserem Massstabe abgebildet wurde, schreiben aber nicht die Zeichen des Morse'schen Alphabets, auch nicht in einer einzigen Zeile hintereinander, vielmehr bildet jedes, aus Punkten und Strichen gebildetes Zeichen eine Zeile für sich auf

*) Vgl. Zetzsche, die Copirtelegraphen etc. (Leipzig 1865) S. 189 ff.

einem breiteren Papierstreifen. Dadurch wird nicht nur das Zusammenfliessen von zu verschiedenen Buchstaben gehörigen Zeichen verhütet, sondern man kann auch die Stellung der als Elementarzeichen gewählten Striche und Punkte (von links nach rechts oder von rechts nach links hin) auf dem Streifen für die Zusammensetzung der Buchstaben, Ziffern etc. aus den Elementarzeichen verwerthen. Hierbei lassen sich alle Schriftzeichen aus 1 bis 8 Punkten bilden, von denen jedoch zwar der erste, dritte, fünfte und siebente jeder für sich allein auftreten können, der zweite, vierte, sechste oder achte dagegen stets nur zugleich beziehungsweise mit dem ersten, dritten, fünften oder siebenten vorkommen kann und mit demselben stets zu einem Striche zusammengezogen erscheint. Die Papierstreifen p, p', p'' und p''' werden durch ein Walzenpaar regelmässig (etwa 3 Millimeter bei jeder Umdrehung der Welle G) fortbewegt; die Zugwalzen der 4 Paare sitzen je auf einer gemeinschaftlichen Welle EE', welche ebenso wie die etwas weiter nach hinten liegende Axe G von einem Uhrwerke in Umlauf versetzt wird, welches durch ein Gewicht getrieben und durch ein conisches Pendel und Correctionsströme in möglichst gleichmässigem Gange erhalten wird. Auf der Welle G sitzen die vier Schreibwalzen A, deren jede eine erhabene, einen Viertelschraubengang bildende Schneide oder Klinge h trägt; diese Klingen werden von einer Farbwalze regelmässig mit Farbe gespeist und geben die Farbe an den unter ihnen hinlaufenden Papierstreifen p ab, so oft und so lange der Streifen von einer Schneide, über welche er läuft und welche auf dem Ankerhebel des Elektromagnetes sitzt, an die Schreibwalze A herangedrückt wird, was geschieht, so oft und so lange der Linienstrom (oder besser der durch ein eigenthümliches, sehr empfindliches Relais nach dem Empfangsapparate gesandte Localbatteriestrom) in dem Elektromagnete wirkt. Die vier Viertelschraubengänge bilden in ihrer Aufeinanderfolge einen ganzen Schraubengang, und so ist jeder Apparat während eines der vier aufeinanderfolgenden Viertelumdrehungen der Welle G zur Schriftgebung bereit. Jeder Zeichengeber enthält vier weisse Tasten für die vier Striche und vier schwarze für die vier Punkte. Von jeder Taste läuft ein Draht nach dem in Fig. 49 abgebildeten Stromvertheiler K, welcher am Apparatgestelle festsitzt und durch welchen die Welle G hindurch geht. Jedes Viertel des isolirten Ringes OO' des Stromvertheilers ist in 12 von einander getrennte Felder getheilt; jedes dritte Feld v, v', v'' und v''' steht beständig mit der Erde in leitender Verbindung; an jedes erste und zweite Feld dagegen ist je einer der von den Tasten kommenden isolirten und zu je vier Bündeln

H, H', H'' und H''' vereinigten Drähte geführt, und zwar der von der schwarzen Taste kommende Draht stets an das Feld, welches von dem mit der Erde verbundenen Felde aus zunächst folgt in der Richtung, in welcher die Schleiffeder u über die Felder hinläuft, nämlich in Fig. 50 in der Richtung von v''' nach v hin. Die Feder u sitzt an einem auf die Welle G aufgesteckten, mit dieser umlaufenden Arme I; eine kleine

Fig. 49.

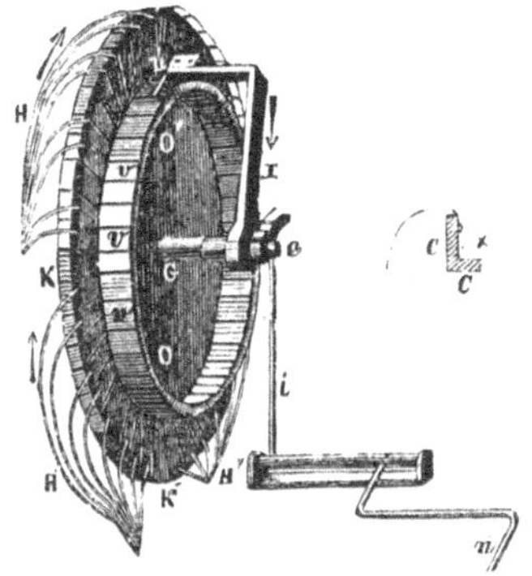

Hebescheibe ist ferner bei e auf die Welle G aufgesteckt, um mittels der Hebel i und n eine kleine Kugel auf einen Ständer aufschlagen zu

Fig. 50.

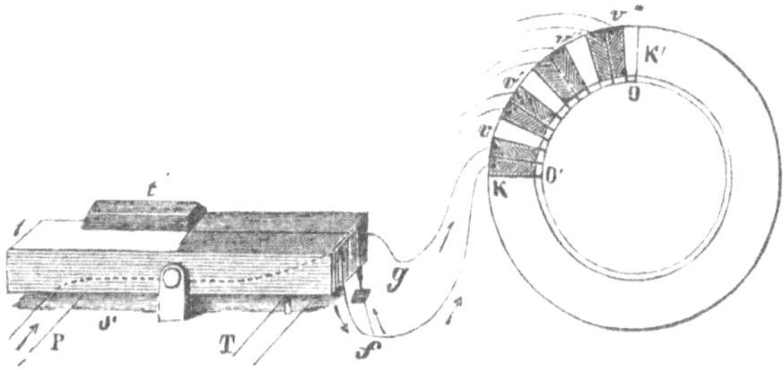

lassen, sowie der Schraubengang des betreffenden Apparates mit dem Schreiben eines Buchstabens fertig geworden ist, sowie also der Telegraphist ein neues Schriftzeichen (auf allen acht Tasten zugleich) greifen kann. Beim Niederdrücken einer schwarzen Taste t' geht der Strom von dem Batteriepole P (Fig. 50) in den metallischen Körper der Taste t' durch den Draht g nach dem ersten Felde hinter v; wird dagegen eine weisse Taste t niedergedrückt, so nimmt der Strom von P seinen Weg im Tastenkörper nach f und von da zu gleicher Zeit im Drahte k nach dem zweiten Felde hinter v und über ein metallenes Plättchen, auf welchem die Taste t' ruht, und im Drahte g nach dem ersten Felde. Im erstern Falle lässt die Schleiffeder u einen kurzen, im zweiten Falle einen doppelt so langen Strom in die Leitung treten, und demgemäss erscheint auf dem Papierstreifen im erstern Falle ein Punkt, im andern ein Strich. Beim Greifen jedes Schriftzeichens drückt man gleichzeitig stets so viele Tasten als dasselbe Elementarzeichen enthält, und zwar bei Buchstaben von der linken, bei Ziffern dagegen von der rechten Seite der Claviatur aus; so sind nämlich die Punkte und Striche auf dem Streifen zu Buchstaben und Ziffern gruppirt. Durch einen Metallstift steht die weisse Taste t und, so lange die schwarze t' nicht niedergedrückt ist, auch diese über jenes Metallplättchen f mit der Erdleitung T in Berührung.

Ueber den von Alois Bauer in Wien construirten Illimit-Telegraph bringt der officielle Ausstellungsbericht der General-Direction der Weltausstellung (No. 69 S. 41) folgende Mittheilungen: Dieser Telegraph besteht aus einem Hauptapparate (Manipulateur), welcher alle eine höhere Ausnützung der Leitung möglich machenden Bedingungen herbeiführt, und aus dazu gehörigen Nebenapparaten, welche entweder gewöhnliche Morse, oder Morse-Druckapparate nach dem Systeme Bauer, oder gewöhnliche Hughes, oder Typendrucker nach dem Systeme Bauer sein können. Die Bauer'schen Morse- oder Typendruck-Apparate sind in ihrer Einrichtung dem Manipulateur besser angepasst, wie die gewöhnlichen Morse und Hughes. Der Manipulateur enthält einen Arm, welcher durch ein Uhrwerk über einer Scheibe in Umdrehung versetzt wird und bei jedem Umlaufe eine Anzahl auf der Scheibe im Kreise liegender Contacte berührt; dieser eine Arm lässt sich aber auch durch 5 fest mit einander verbundene Arme ersetzen und dann stehen nur $^1/_5$ soviel Contacte im Kreise, deren jeder aber bei jedem Umlaufe von jedem der fünf Arme berührt wird. Die Axe des Armes steht mit der Telegraphenleitung, die Contacte der Reihe nach mit den (aus je einer Aufgabe- und einer Aufnahme-Station bestehenden) Theilstationen in leitender Verbindung; daher tritt jede Theilstation so oft und so lange mit der Linie in Verbindung, als der Arm ihren Contact berührt, und während dieser Zeit kann stets von der Theilstation ein Zeichen nach einer mit ihr ein Telegramm austauschenden Theilstation gegeben oder von letzterer empfangen werden. Die durch Pendel regulirten Laufwerke der Manipulatoren sind noch mit einem Selbstregulator ausgerüstet; zu letzterem gehört ein Zahnrad, welches sich an der Axe jenes umlaufenden Armes befindet, nach jeder Fünftel- und oder Zehntel-Umdrehung der Axe durch einen eingreifenden Daumen richtig gestellt wird, ferner ein besonderer Motor, welcher bei seiner Bewegung das Pendel durch Verschieben einer Kugel verkürzt oder verlängert, jenachdem der Apparat zurückbleibt oder vorausläuft. Der Strom zu diesem Motor wird durch die Verschiebung des Zahnrades geliefert, wenn dasselbe beim ungleichen Gange der Apparate durch den eingreifenden Daumen vor- oder zurückgeschoben wird. Nach jedem in die Linie gesandten Strome wird dieselbe durch den Manipulateur wieder entladen. Beim sogenannten independenten Morsesysteme hat jede Theilstation einen Arbeitstaster, ein Tasterrelais, ein polarisirtes Relais und einen Schreibapparat (für erhabene oder farbige Schrift) als Nebenapparate, und es werden, da durch das Relais Punkte und Striche erzeugt werden sollen, für jedes telegraphische Zeichen zwei Linienströme gegeben; der eine lässt das Zeichen auf der Empfangsstation beginnen, der zweite beendet es. Die Zeichen werden vom Telegraphist mit dem Arbeitstaster gegeben (gruppirt) und durch kurzen Localschluss durch das Tasterrelais der Manipulateur befähigt, einen Linienstrom für die betreffende Theilstation zu entsenden; nach der Entsendung desselben bringt der Manipulateur das Tasterrelais wieder in seine Ruhelage, hebt so die Bedingungen zur Erzeugung eines Linienstroms auf und entladet die Linie. Wird hierbei mit Translation gearbeitet, so brauchen die Manipulateure der Translation nicht synchron zu sein, und es haben nur die Schreibapparate die Einrichtung der Arbeitstaster zu bekommen. Die Leistungsfähigkeit dieses Systems steigt bei vier- bis achtfacher Ausnutzung auf 80 bis 160 Telegramme, je nach der Fertigkeit des Manipulirenden. Bei dependentem Morse-Systeme (Morse-Druckapparate, System Bauer) dient als Zeichengeber eine Claviatur von 7 Tasten mit den Grundzeichen — • — • — • o (wobei o der Blanc-Taste entspricht), als Zeichenempfänger aber ein polarisirtes Relais und ein Typenrad mit denselben Grundzeichen; das vom Manipulateur synchron bewegte Typenrad druckt die Zeichen auf den Papierstreifen und zwar ist für jedes Grundzeichen nur ein Strom nöthig. Jede der 7 Tasten kann einzeln, oder alle einen Buchstaben bildenden Tasten können zusammen niedergedrückt werden, und es braucht dabei kein gewisser Takt eingehalten zu werden. Sämmtliche Buchstaben (ausser h, v und j und den Zahlen von 0 bis 9) können mit einer Umdrehung des Typenrades gegeben werden; das Telegraphiren geht daher sehr rasch. Bei vierfacher Ausnutzung macht das Typenrad 2 Umdrehungen in der Secunde, also kann jeder Apparat in 1 Secunde 2 Buchstaben drucken, in 70 Secunden 20 Worte zu je 7 Buchstaben, auf allen 4 Apparaten also 200 Telegramme in 1 Stunde. Beim independenten Drucksysteme (freies Hughes-Spiel) können zwei Telegraphisten mittels des Hughes-Apparates unabhängig auf derselben Linie arbeiten; die Leistungsfähigkeit ist dabei durch die Hughes bestimmt. Beim dependenten Drucksysteme (Typendruckapparat Bauer) endlich können 4 Telegraphisten gleichzeitig auf derselben Linie arbeiten und mittels einer Claviatur für jeden Buchstaben einen Strom geben, wobei sie beliebig viele Buchstaben, wie sie in unmittelbarer Reihe auf einander folgen, auf einmal greifen und geben können.. Die mittels der Claviatur gegebenen Buchstaben werden durch Typenräder auf den Papierstreifen abgedruckt. Die Empfangsapparate mit den Typenrädern haben keine synchron gehenden Uhrwerke, sondern werden durch den Manipulateur synchron bewegt. Die Leistungsfähigkeit beträgt bei diesem Systeme bei vierfacher Ausnutzung der Leitung 240 Telegramme in der Stunde; auch brauchen diese in Lettern gedruckten Telegramme nicht erst niedergeschrieben zu werden.

Von den Telegraphenapparaten bleiben nun nur noch die **Nebenapparate** übrig, durch welche die Ausrüstung der Telegraphenstationen vervollständigt zu werden pflegt. Ueber die Vertretung derselben in der deutschen historischen Ausstellung mag der Vollständigkeit wegen wenigstens kurz berichtet werden.

Galvanoskope waren nur in ihren neuesten Formen ausgestellt, nämlich die seit 1869 und 1871 gebräuchlichen (zum Theil nach Varley 1857 gebauten) Arten der 1849 schon von Siemens und Halske eingeführten stehenden Galvanoskope und das Haarnadel-Galvanoskop von Siemens (1869). Dabei sei des neuesten Spiegelgalvanometers (und einer demselben ähnlichen Bussole) in der Ausstellung von Siemens und Halske gedacht, dessen eigenthümlich gestaltete Nadel ein in der cylindrischen Bohrung einer massiven Kupferkugel schwebender Glockenmagnet ist, welcher aus einem hohlen Stahlcylinder (Fingerhut) mit geschlossenem Boden dadurch hergestellt wurde, dass die seitlichen Theile mittels zweier zu einem Durchmesser und zur Axe des Cylinders paralleler Ebenen abgeschnitten wurden; dieser Magnet schmiegt sich nicht nur überhaupt der Innenwand der Kugelausbohrung mit wenig Spielraum sehr gut an, sondern auch in allen seinen Stellungen gleich gut und hat auch in allen Stellungen dieselbe Lage gegen die Kugel; bei seinem mit intensivem Magnetismus gepaarten geringem Trägheitsmomente bewegt er sich, sofern die Kupferkugel völlig homogen und gut leitend ist, in Folge seiner zweckmässigen Dämpfung völlig aperiodisch, d. h. er macht gar keine Schwingungen um die Ruhelage, in welche ein Strom ihn ablenkt.

An **Weckern** war kein Mangel; an den ältesten (Sömmering'schen) schloss sich der am Schilling'schen Apparate, dann der Wecker mit Selbstunterbrechung am Siemens'schen Zeigertelegraph, der Kramer'sche Wecker für Zwischenstationen (1849), der Siemens'sche Zwischenwecker (1850) und der Postwecker von Borggreve (1857) für Ströme von bestimmter Richtung. Dagegen waren die den Weckern nahestehenden **Läutewerke** für Eisenbahnen in der historischen Ausstellung nur durch eines der ältesten vertreten, nämlich durch das von Siemens (1847), welches durch einen Fallhammer ausgerückt wird und sich selbst wieder einrückt. Neben diesem Läutewerke stand auch der Thürcontact von Siemens (1847). Die Bedeutung der Läutewerke für den Eisenbahnbetrieb der Gegenwart brachten indessen ausser den Ausstellungen in den Pavillons der Nordbahn und Nordwestbahn die österreichische, ungarische und deutsche Abtheilung des Industriepalastes und besonders die neuesten Erscheinungen in der Ausstellung von Siemens und Halske (Einradläutewerke mit Wechselstromauslösung, Läutebuden und Läutesäulen mit Hilfssignaleinrichtung) zur Anschauung. An letzterer Stelle waren auch die für den Eisenbahnbetrieb so viel versprechenden Blockapparate*) zu schauen, um deren Ausbildung sich besonders der Oberingenieur C. Frischen verdient gemacht hat. Aus 5 Blocksignalapparaten war eine zusammenhängende Linie gebildet; die beiden äussern sollten als Bahnhofsapparate gelten, die drei mittlern (zwei Bahnhofsdeckungsapparate und eine Zwischenstation) waren mit optischen Flügelsignalen (Semaphoren) ausgerüstet und (was der Oberinspector Pörsch in Dresden zuerst anregte) so eingerichtet, dass der Blockwärter das elektrische Entblockirungssignal erst dann geben kann, wenn er den Signalflügel auf „Halt" gestellt hat, und dass der Blockwärter durch das nach der vorhergehenden Blockstation gesendete elektrische Entblockirungssignal zugleich seine eigene Station elektrisch blockirt und seinen Signalflügel auf „Halt" feststellt, bis er vom nächsten Blockwärter wieder entblockirt wird. Ein anderer Blocksignalapparat war mit Wechselarretirung der Semaphorenwinden, der zugehörige Bahnhofsapparat aber mit Arretirungsschieber ausgerüstet, damit weder der Bahnhofsvor-

*) Eine eingehendere Schilderung der sämmtlichen Blockapparate ist in Heusinger's Organ f. d. Fortschritte des Eisenbahnwesens (1874, S. 53) zu finden.

stand, noch der Blockwärter aus zwei sich in ein einziges drittes Geleis vereinigenden Geleisen zugleich zwei Züge auf das dritte Geleis einlassen könne. Aehnlich wie die Blocksignalapparate ist der elektrische Weichenblockapparat eingerichtet. Der ausgestellte Weichencentralapparat sollte die Handhabung der Signale und Weichen eines grösseren Bahnhofs unter die Controle des Bahnhofsvorstandes stellen. Die Auslösung der elektrischen Signale durch eine ganze Folge von (21) Wechselströmen, welche von Cylinderinductoren geliefert werden, entziehen die von Siemens und Halske gebauten Blockapparate dem Einflusse der atmosphärischen und tellurischen Ströme.

Ungemein zahlreich waren die ausgestellten **Blitzableiter**; der älteste derselben war, da der Steinheil'sche v. J. 1846*) fehlte, der von Siemens 1848 zwischen Eisenach und Frankfurt a. M. angewendete Platten-Blitzableiter (mit drei Platten, von denen die mittelste mit der Erde verbunden ist). Dann folgten dem Alter nach vier in den Jahren 1850 bis 1853 von Siemens benützte: der Drahtrollen-Blitzableiter, der Draht-Blitzableiter mit Metallunterlage, der Spitzen-Blitzableiter, dessen abwechselnd gestellte metallene Spitzen Platten gegenüberstehen, und der Kugel- und Spitzenableiter, dessen Platten oben in Kugeln enden, während jede Spitze einer anderen gegenübergestellt ist. Nach dem Siemens'schen Vacuum-Blitzableiter, 1852, kamen die Nottebohm'schen Schneiden-Blitzableiter in den vor 1857 und nach 1857 gebräuchlichen Formen, während die diesen Blitzableitern ähnlichen Spitzen-Blitzableiter nicht vertreten waren. Den Schluss machten die neueren Platten-Blitzableiter von Elsasser (1866 und 1869). Blitzableiter mit selbstthätiger Ausschaltung beim Abschmelzen eines in die Leitung mit eingeschalteten dünnen Schutzdrahtes hatte nicht nur die französische Telegraphen-Verwaltung (System Montagnole) ausgestellt, sondern es waren auch bei Siemens und Halske die in Russland vielfach angewendeten zu sehen. Während diese Ableiter sämmtlich für den Apparattisch bestimmt waren, befand sich unter den zum Theil der Form nach eigenthümlichen bayerischen auch ein für die Telegraphenleitung bestimmter Blitzableiter, bestehend aus zwei ineinandergesteckten Metallcylindern, deren geschlossene Böden durch ein 3 Centimeter dickes, in Oel gekochtes Holzstück von einander getrennt sind.

*) In demselben Jahre 1846 wurden auch in Frankreich von Bréguet, in Amerika von James, D. Reid und in England von Higthon in London Blitzableiter für Telegraphen erfunden, und diese Blitzableiter sind nicht nur unter sich selbst sondern auch von Steinheils Blitzableiter characteristisch verschieden. Vgl. Zeitschrift für Mathematik und Physik, VI. Jahrgang, S. 397 ff.

Unter den **Umschaltern** oder **Wechseln** war der alte Klemmen-Umschalter zu vermissen. Neben dem seit 1854 gebräuchlichen Kurbel-Umschalter mit zwei Kurbeln standen drei Stöpsel-Umschalter und ein Stromwender von Nottebohm, wie sie bis 1857 in Gebrauch waren, und eine Reihe noch jetzt gebräuchlicher Stöpsel- und Kurbel-Umschalter von Borggreve u. A. für die verschiedensten Bedürfnisse des Telegraphendienstes, darunter auch der Untersuchungs-Umschalter von Elsasser (1866).

Von **Rheostaten** oder **Widerständen** enthielt die historische Abtheilung neben Stöpsel-Rheostaten mit einem Widerstande von 1 bis 10 000 Quecksilber-Einheiten, einen 1854 zum Gegensprecher construirten Meilenwiderstand in Büchsenform mit Stahlkurbel von Siemens, einen Kurbel-Rheostat mit Widertänden von 1 bis 50 Meilen Eisendraht von 2,1 Linien Durchmesser (von 1857) und die seit 1865*) auf Zwischenstationen zur Regulirung der Leitungswiderstände gebräuchlichen Graphitwiderstände, welche letztere aus Graphitpulver, das in Glasröhren eingepresst ist, bestehen und 500 bis 2500 Siemens'sche Einheiten Widerstand geben. Kurbelrheostaten wurden indess schon 1849 von Siemens und Halske hergestellt und als Nebenschliessungen für die auf unterirdischen Leitungen arbeitenden Zeigertelegraphen benutzt, um die störenden Ladungserscheinungen zu vermindern; diese Kurbelrheostaten fanden auch bei Bestimmung der Fehlerlage auf den unterirdischen Leitungen Verwendung.

Einige Worte sind ferner den als **Elektricitätsquelle** für die Telegraphie dienenden galvanischen Batterien und Inductoren zu widmen. An Batterien bot die historische Abtheilung nur die Siemens'sche Tauchbatterie (1849) mit Zinkkupfer-Elementen. Neuere Batterien hatten mehrere deutsche, österreichische und französische Aussteller in ihren betreffenden Abtheilungen vorgeführt. Unter den Inductoren machte sich ausser denen bei den Gauss'schen, Steinheil'schen und Stöhrer'-

*) Gegenüber einem Einwurf des Herrn Clérac, Directeur des transmissions de première classe à l'Administration des télégraphes français (Journal Télégraphique, II. No. 27. S. 425), welcher die Erfindung der Graphitwiderstände für sich in Anspruch nimmt und an das Ende des Jahres 1865 verlegt, während sie vor 1866 in Deutschland nicht angewendet worden seien, mag bemerkt werden, dass Dr. Werner Siemens schon in den fünfziger Jahren viel mit Graphitwiderständen experimentirt hat. Er nahm feine Faber'sche Bleistifte, deren freigelegte Graphitenden er versilberte oder mit Metallcomposition umgoss. Er fand aber diese Widerstände nicht sicher genug für Widerstands-Etalons. Er zog vielmehr Spiralröhren von Glas vor, die bei Darstellung sehr grosser Widerstände mit Chlorzinklösung gefüllt waren, mit amalgamirten Zinkdrähten in den erweiterten Röhrenansätzen; zur Herstellung kleinerer Widerstände und genauer Etalons dagegen wurden sie mit Quecksilber gefüllt.

schen Apparaten der Magnet-Inductor mit 28 Lamellenpaaren, welchen Siemens 1850 für Läutewerke construirte, der Magnet-Inductor von Siemens (1850) zur Minenzündung mittels glühender Stahldrähte und zwei elektro-elektrische Inductoren von Siemens (1855) bemerkbar, von denen der eine mittels weniger Elemente Inductionsströme zweiter Ordnung erzeugt, welche in gleichgerichtete Ströme verwandelt und dann zur Erzeugung von Morseschrift auf langen Linien benutzt werden sollten, während der andere mit Wechselströmen und polarisirten Relais Morseschrift erzeugt.

Auch für den **Linienbau** endlich bot die historische Ausstellung mancherlei Sehenswerthes. So waren zunächst entlang den Wänden des Hofraumes vor dem Annex eine Anzahl von Holz- und Eisensäulen eingegraben, an denen man die zu verschiedenen Zeiten von 1851 an üblich gewesenen Bauweisen der oberirdischen Telegraphenlinien studiren konnte. Theils einfache Säulen, theils Doppelständer und Doppelgestänge trugen hier auf verschieden gestalteten Stützen, dort auf Consolen, Porcellan-Isolatoren in Form von einfachen oder Doppelglocken und gusseiserne Glocken mit Porcellanfutter (Glas-Isolotoren waren nicht zu sehen) mit dem daran befestigten Leitungsdraht. Mehrere dieser Säulen zeigten die Spannvorrichtungen, welche in passenden Abständen von einander (etwa 1/10 Meile) in der Leitung angewendet werden, um den Leitungsdraht zu spannen. Andere Säulen machten die Ueberführung einer oberirdischen Leitung in eine unterirdische anschaulich, und daneben zeigte ein Tunnel-Einführungskasten die Verbindung der durch einen Tunnel führenden Kabel mit den oberirdischen Leitungen. Endlich waren auch die ältere (bis 1867) und die jetzt gebräuchliche Einführung der Luftleitungen in die Stationen zu sehen. Ergänzt ward dieser Theil durch einige bayerische Stangen und Drahtverbindungen im Annex selbst, und in diesem hatten auch die verschiedenen Werkzeuge und Untersuchungs-Galvanometer ein Plätzchen gefunden, mit denen die Leitungsaufseher für die Zwecke der Untersuchung ober- und unterirdischer Leitungen ausgerüstet werden. Eiserne Telegraphensäulen der neuesten Art hatte Frankreich in dem Raume vor der Galerie 5 *B* und Siemens-Halske in der Galerie 8 *A* des Industriepalastes ausgestellt. Unterirdische und unterseeische*) Leitungen bot die historische Ausstellung nicht, doch waren ganz in der Nähe Kabel-

*) Ueber die Entwickelung der unterseeischen Telegraphie und die bei derselben verwendete Apparate vgl. Zeitschrift für Mathematik und Physik Jahrgang XII S. 392 und Jahrgang XIII S. 1 und 451.

proben von Felten und Guilleaume in Köln ausgestellt, nicht minder von Gebrüder Siemens aus deren Kabel-Fabrik in Woolwich, deren Leistungen sich in der englischen Abtheilung der Weltausstellung (welche auch Hooper mit einer hübschen Folge verschiedener Unterseetaue beschickt hatte) deutlicher erkennen liessen. In der italienischen Abtheilung befand sich das eigenthümliche Unterseetau von Trevisani und Halliè, dessen Seele mit einer gegliederten Schutzhülle umgeben war. Die französische Telegraphen-Verwaltung hatte eine Vorrichtung zum Einziehen der Drähte zu unterirdischen Linien ausgestellt und einen pneumatischen Telegraphen mit einer von Bontemps angegebenen akustischen Vorrichtung zur Ermittelung des Ortes, wo ein Wagen in dem Rohre festsitzt.

Kurz sei endlich der Vertretung gedacht, welche die **Feldtelegraphie** in der Wiener Ausstellung gefunden hatte. Oesterreich hatte in dem Pavillon für Welthandel zwei Materialwagen für Feldtelegraphen ausgestellt nebst einer grossen Anzahl Stangen mit Kautschuk-Isolatoren auf Eisenträgern; ferner sehr compendiöse Feldtelegraphen in verschiedenen Apparatzusammenstellungen (mit Stiftschreiber und Farbschreiber); einen tragbaren Apparatsatz, aus Bussolen, Taster und Relais bestehend, letzteres jedoch mit einer Glocke versehen, auf welcher der Relaishebel hörbare Zeichen giebt; verschiedene Batterien mit Zink-Kupfer- und mit Zink-Platin-Elementen, die zum Theil jedes für sich in einen Lederbehälter eingeschlossen sind. Ausserdem hatten nur die schwedischen Feldtelegraphen, und zwar im schwedischen Geschützpavillon, einen Platz gefunden: ein Materialwagen mit vier Rollen vierdrähtigem, verzinkten Eisendraht und drei Rollen isolirtem Draht, so wie ein Apparatkasten von Oeller & Co. in Stockholm für die Wagenstation, enthaltend einen Farbschreiber (nach Digney) für Translation, einen Taster, eine Bussole und einen Wecker.

Nach flüchtiger Erwähnung der für den Statistiker interessanten **Karten**, welche die Entwicklung des deutschen Telegraphennetzes in den Jahren 1854, 1860, 1866 und 1872 zeigten, ferner einer Specialkarte der Normalverbindungen der Telegraphenleitungen (1872), sowie einer Tafel, welche die Entwicklung des Telegraphenverkehrs und der Verkehrsmittel in Deutschland von 1854 bis 1872 graphisch darstellte, und endlich einer Mappe mit 19 Blatt Zeichnungen, welche die Einrichtungen der Württembergischen Telegraphenverwaltung darstellten, — muss schliesslich noch eines in der historischen Abtheilung befindlichen Gegenstandes von hervorragendem geschichtlichen Interesse gedacht werden, nämlich der in Fig. 51 abgebildeten **ersten Guttaperchapresse** zur Anfertigung von isolirten Leitungen mit Guttaperchahülle ohne Naht. Diese Presse, deren stetig vorwärts geschraubten Stempel die Guttapercha aus dem Raume *aa* durch die Canäle *bb* hinauspresste, damit sie den durch das Mundstück *dd* eingeführten Draht *c* in Gestalt

Fig. 51.

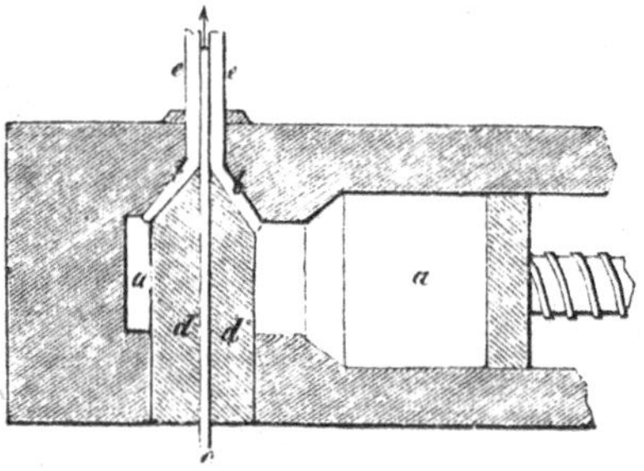

eines Schlauchs *ee* umhülle, wurde im Modell von Werner Siemens construirt und von ihm an Fourobert und Pruckner in Berlin abgetreten; mit nach diesem Modell gebauten Maschinen aber wurden nicht nur für die 1847 bis 1851 in Deutschland und Russland gelegten unterirdischen Linien die isolirten Drähte angefertigt, sondern mit ihnen werden auch jetzt noch für alle Untersee-Leitungen die Guttaperchadrähte hergestellt.

GPSR Compliance

The European Union's (EU) General Product Safety Regulation (GPSR) is a set of rules that requires consumer products to be safe and our obligations to ensure this.

If you have any concerns about our products, you can contact us on ProductSafety@springernature.com

In case Publisher is established outside the EU, the EU authorized representative is:

Springer Nature Customer Service Center GmbH
Europaplatz 3
69115 Heidelberg, Germany

Batch number: 10682534

Printed by Printforce, the Netherlands